KB241175

아기와 함께
미니멀라이프

혼다 사오리 지음 | 홍미화 옮김

들어가며

결혼 6주년을 맞이하던 해에 저는 기다리고 기다리던 아기를 갖게 되었습니다. 임신·출산·육아 모두가 처음 맞이하는 것들. 당연한 사실이지만 그것은 '모르는 것'의 연속이었습니다. 테스트기로 임신 사실을 처음 알게 되었을 때 '산부인과에는 언제 가야 하는 거지?'라는 의문으로 시작해 그 후에도 '임신부는 어떤 속옷을 입어야 하지?' '출산 예정일이 2주 남았는데 점심 먹으러 돌아다녀도 될까?' '겨울에 태어나는 아기는 옷을 몇 장 입혀야 하지?'라는 궁금증이 계속되었습니다.

물음표가 생기면 곧바로 인터넷을 검색하거나 잡지를 뒤적여 필요한 정보를 얼마든지 얻을 수 있는 요즘. 하지만 미디어에 흘러넘치는 많은 정보보다 가까운 선배 육아맘들의 "나는 이렇게 하고 있다"는 체험담이나 조언이야말로 무엇보다 도움이 된다는 생각이 들었죠. 〈육아맘 1000명에게 물었다!〉라는 실태 통계조사도 참고가 되긴 하지만, 같은 처지의 육아맘이 들려주는 실생활의 경험으로부터 '어머, 이건 몰랐네!' '정말 그럴 수도 있겠구나' '모두 제각각이네'라는 깨달음과

가르침을 얻을 수 있었습니다.

출판 기획회의 때(임신을 알게 된 직후) 저는 담당자인 K 씨에게 "이런 책이 있으면 좋겠다"고 했고 "그럼 만들어 봅시다!"라는 한마디에 이 책이 만들어지게 되었습니다.

임신·출산·육아에 관한 이모저모는 언제나 선택의 연속. 또한 하루가 다르게 성장하는 아기와의 생활은 변화를 거듭하는 시행착오의 나날입니다.

이 책은 저의 실전 경험을 바탕으로 한 임신·출산·첫돌까지의 육아와 살림, 수납과 공간 활용(이사도 포함), 제품의 선택 등에 관한 실험보고서처럼 꾸몄습니다. 그리고 11명의 육아맘도 취재와 설문지를 통해 자신의 경험을 들려주며 협조해 주셨습니다.

출산 예정인 분, 육아 중인 분, 임신·출산·육아에 관심을 가진 모든 분들에게 유용한 정보와 깨달음으로 남아 생활을 보다 편안하게 영위할 수 있는 계기가 되었으면 하는 바람입니다.

CONTENTS

4장　4 ~ 5개월 : 아기가 목을 가눌 쯤에 이사를

5장　6 ~ 7개월 : 뒤집기

6장 8 ~ 9개월 : 기어 다니기와 붙잡고 일어서기

7장 10 ~ 11개월 : 기어 다니기와 붙잡고 일어서기

8장 1세 : 축하합니다! 잡고 걷기

우리들의 임신 출산!

우리들의 육아!

이 책에 게재된 설문지 '우리들의 임신 출산'과 '우리들의 육아'에 아래의 여러분이 협조해 주셨습니다. 감사합니다. (자녀의 연령은 설문지 작성 시를 기준으로 했습니다.)
A·K 씨(2개월 자녀), C·T 씨(4개월), C·M 씨(5개월, 4세), S·N 씨(9개월, 4세), M·S 씨(10개월), E·K 씨(11개월), F·K 씨(1세), K·Y 씨(1세 3개월), 아사노 가요코 씨(6개월, 3세), 고바야시 미키코 씨(6개월), 다카나시 노리코 씨(10개월)

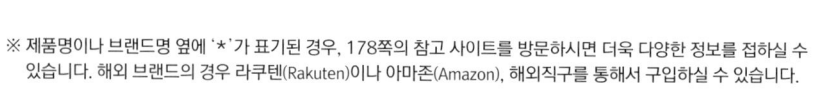

1장

임신 편

나의
임신
이야기

'아이를 갖는다'라는 것은 아이를 좋아하는 저에게 결혼, 하면 떠오르는 자연스러운 이미지였습니다. 하지만 제가 결혼한 것은 이십 대 후반이어서 얼마간은 아이를 갖지 않고 두 사람만의 생활을 즐기면서 일에 몰두하는 시간을 만끽하고 있었습니다.

아이를 갖고 싶다는 생각이 든 것은 삼십 대에 들어서면서부터였습니다. 친한 친구가 아이를 갖게 된 것도 큰 영향이 있었을 것입니다. 5년이 지났는데도 아이가 생기지 않는 다…라는 불안에 휩싸여 불임검사를 받았습니다. 부부 모두 불임은 아니었지만 그때는 상당히 불안해졌습니다. 임신만 생각하면 스트레스가 생겨서 산부인과에 다니는 것도 부담이 되면서 지치기 시작했습니다.

정신적으로 휴식을 취해야겠다는 생각에 산부인과에 다니는 것을 일단 멈추고 얼마

동안 편안하게 지냈더니 반년 후에 아기를 갖게 되었습니다.

임신을 알게 된 것은 생리예정일에서 이틀이 지나는 시점이었습니다. 아직 임신 진단을 내리기에 이른 시기였지만, 날짜에 늦는 일이 없는 체질이기도 해서 서둘러 테스트를 해보았습니다. 임신을 알리는 선을 보고는 너무도 기뻐서 믿을 수 없는 마음에 약국으로 가 임신테스트기를 한 개 더 샀습니다. 두 번째에도 역시 임신 판정의 결과를 얻어 '드디어 아이를 가졌구나!' 했습니다. 다음 날 남편과 멀지 않은 곳에 여행을 갔는데, 여행을 하면서도 저는 제정신이 아니었습니다. 항구가 있는 작은 마을에서 임신에 관한 정보지를 구하러 남편과 이리저리 다닌 것이 기억에 남아 있습니다.

산부인과는 예전에 부인과 검진을 받은 적이 있는 도보로 10분 거리의 대형병원으로 정했습니다. 혼자서 테스트기를 썼던 때가 너무 이른 시기여서 당장 병원에 가더라도 아기집이 보이지 않아 두 번 수고해야 할 수도 있었습니다. 속이 바싹 타들어 가는 일주일을 기다렸다가 마침내 병원으로 가서 4주 6일이 되었다는 진단을 받았습니다.

그러나 그렇게 기다려온 임신이었지만 마냥 기쁘지만은 않았습니다. 비관적인 성격을 가진 저는 '잘 키울 수 있을까?' 하는 걱정도 들었습니다. 다행히도 입덧은 거의 없었지만 이마저도 '이래도 괜찮은 걸까?' 하는 불안감에 휩싸였습니다.

임신기를 겨우 편안히 보낼 수 있게 된 것은 임신 중기를 지나서부터. 모자의 건강과 안전한 출산을 위해 전문가의 지도에 따라 운동도 열심히 했고 일에도 전념했습니다. 하던 대로 하거나 평소보다 더욱 활동적으로 일하다 보니 파리 출장이라는 과감한 행동도 했습니다. 후기에 들어서는 일을 줄이고 아기를 맞이할 공간을 만들기 위해 물건을 정리하기 시작, 움직이기 힘든 시기가 오기 전에 수납 상태를 개선하고 방의 모양도 바꿨습니다.

한편, 저는 그 시점이 되어서도 배가 나날이 불러오는 사실과 그 속에서 발길질을 해대는 '인간'의 존재가 너무도 이상해서 아기가 태어날 것이라는 실감을 하지 못하고 있었습니다. 임신을 하면 자연스럽게 배 속의 아기에게 애정이 흘러넘칠 것이라고 생각했지만, '정말 존재한다'는 기분이 들지 않아서 말을 거는 일조차 없었습니다. 오히려 남편이 매일 아기에게 말을 걸어주었습니다.

제가 모성에 눈을 뜰 수 있을까 하는 약간의 불안감이 스치면서 갑자기 '엄마'가 될 수는 있을까 하는 생각마저 들었습니다.

임신과 제품 선택

물건을 좋아하긴 하지만
너무 많아서 생활을
방해할 정도가 되지 않게
간소하게 살고 싶었습니다.
그것은 임신을 해서도 마찬가지입니다.

임신 기간은 약 9개월. 그 한정된 기간을 위해 살림살이를 늘리고 싶지는 않았습니다. 첫 임신이어서 서툰 점도 많겠지만 정말 필요한 것만 마련하고 싶었습니다. 그러기 위해선 '나중에 필요할' 것을 미리 사는 것이 아니라 '필요하다고 생각되는 시점'에 검토를 하는 방법을 택했습니다.

처음으로 검토한 것은 임부용 속옷이었습니다. 배가 불러오기 전부터 복대로 아랫배를 압박하는 것이 싫어서 배를 감싸는 속옷을 사기로 했습니다. 실제로 써보니 생각했던 것보다 편안하고 안정적이었습니다. 이제까지 '임부용'으로만 쓰는 물건에 가졌던 불신감(다른 때 사용할 수 없다니…)이 있었지만 적당한 물건을 사니 쾌적한 임신 기간을 보내는 데에 도움이 되었습니다. 다만 살림을 늘리지 않기 위해서는 현재 갖고 있는 것이 쓸 만한지 확인하는 작업이 필요합니다. 옷이라면 따뜻하고 편안한 것만 갖고 있어서 임신 중에도 대부분 입을 수 있었습니다.

하의는 임산부가 주의해야 할 품목이라 지인에게 물려받은 임부용 바지를 가장 즐겨 입었습니다. 물려받을 수 없었던 레깅스나 바지는 살 수밖에 없었는데, 출산 후에도 입을 것을 생각해서 끈이 달린 것과 '하라마키(복대처럼 배를 감싸는 일본식 속옷)'를 샀습니다. 몸이 찬 체질이기도 하고 출산이 겨울이어서 몸을 따뜻하게 해줄 레깅스 등은 좋은 제품을 사고 싶었습니다. 임신 때만 입고 버릴 것도 있지만, 구입할 때는 되도록 '오랫동안 사용할 수 있는 것' '다른 용도로도 사용할 수 있는 것'을 고르는 것이 기본적인 방침이었습니다.

우선은 내가 가진 것으로!

비임부용의 / **임부복** → 가지고 있던 옷 중에서 임신 중에 입을 수 있는 것

튜닉
허리에 고무줄이 숨어 있어서 편리합니다. 배 둘레도 따뜻. (이세탄*)

헐렁한 상의
임부복이 아니라도 헐렁한 실루엣의 상의는 출산까지 입을 수 있습니다. (ARTS&SCIENCE*)

로브
길게 늘어진 깃 부분이 배 주위를 눈에 띄지 않게 해주는 것이 포인트. 허리에 고무줄이 숨어 있습니다. (evam eva*)

레깅스
무봉제 얇은 레깅스. 냉기를 막기 위해 자주 입었던 옷. 배 부분이 잘 늘어나서 임신 중에도 사용할 수 있었습니다. (PRISTINE*)

하라마키
잘 늘어나서 매우 편리합니다. 출산 후에 허리가 줄어드니 조금 헐렁해졌지만 입을 만했습니다. (세카쓰켄*)

비전용의 / **아기용품** → 사지 않거나 비전용품으로 대신할 순 없을까?

목 쿠션
무인양품의 목 쿠션을 수유용으로 쓸 순 없을까 하고 실험해보았습니다. 써보니 너무 낮아서 친구가 추천해준 제품을 축하선물로 받아서 썼습니다.(→ p.50) 목 쿠션은 엄마와 아기가 함께 누워서 수유를 할 때 유용하게 썼습니다.

수유 조명
MARKS&WEB*의 아로마램프. 야간 수유 시 필수품. 이전에는 화장실 아로마램프로 사용했습니다. 실제로 써보니 이동할 수 없는 단점이 있어서 **무인양품**의 조명으로 바꿨습니다.

13

수유용 브라
물건을 잘 고르는 친구에게 '늘 쓰는 제품
인데 압박감이 없어서 임신 중에 편히 쓸
수 있다'고 들어서 망설임 없이 구입. 수유
도 쉽고 착용감도 좋아 편하게 입었던 것!
추가로 여러 개 구입. (MO-HOUSE*)

밴드 브라
여름이 되자 브라의 끈 때문에 가려워 구
입한 제품. 끈이 없으니 편하고 탱크톱을
입을 때도 편리. (유니클로*)

니트 바지
두 가지 색을 구입해 겨울내
번갈아 입었습니다. 여러 옷에
맞춰 입기 편한 모양으로 착용
감도 좋습니다. 고맙게도 가격
도 많이 쌌는데 많이 입어서 산후조
리 후에 버렸습니다. 소임을
다하고 나서 헤어지기 편한 것
도 저가 제품의 장점. (GU*)

알파카 레깅스
근래에 겨울이 되면 PUENTE의 손뜨개
양말을 애용했는데 든든한 따스함이 좋
아서 레깅스도 구입. 허리 부분을 끈으로
조절할 수 있어 막달까지도 OK. 출산
때에 간호사의 손에 휙 벗겨졌던, 추억이
깃든 레깅스…. (PUENTE*)

에이프런 원피스
허리둘레에 여유가 있어서 배가 불러
와도 편하게 입었습니다. 멋을 낼 수
없었던 시기에 귀엽다는 말을 듣게 해
준 고마운 존재. 앞치마 형태여서 수
유하기 쉬워 산후에도 애용.
(CHICU+CHICU5/31*)

니트 튜닉
'이제 옷을 사지 말아야지' 생
각했던 임신 후기에 눈에 딱 들
어온 evam eva. 입어보니 커
다란 배에도 맞고 따뜻해서 구
입했는데, 후기에는 이 옷만 입
었습니다. 임신 중에도 예쁜 옷
을 입을 수 있는 행복감을 느
끼게 해준 옷. (evam eva*)

임부용 속옷이나 싼 바지 등은 헤져서 버렸지만 편하고 질이 좋은 이너웨어는 출산 후에도 애
용했습니다. 한겨울에 임신한 몸을 지켜주었던 품목은 이미 떼놓을 수 없는 존재. 배 둘레를 부
드럽게 감싸주는 타입의 옷들은 다시 임신할 계획이 있는 여성에게는 특히 소중합니다. 한편,
임부용이라고 해도 '허리를 보호해주는 팬티'나 '부종을 해소하는 타이츠'는 너무 꽉 끼어서
입을 수 없는 경우도 있었습니다. 두 가지 모두 요통이나 다리의 부종이 생겼을 때 급한 마음에
샀던 물건. 몸에 문제가 생긴다고 당황해서 사들이지 말고 먼저 스트레칭이나 냉찜질 등으로
처치를 한 뒤, 신중하게 물건을 고르는 것이 좋다는 것을 깨달았습니다.

Q1 임부용 속옷으로 추천하고 싶은 것은?

- **무인양품**의 임부용 레깅스 (M·S 씨, S·N 씨 외 다수),
  임부용 바지 (C·M 씨, 다카나시 씨, S·N 씨)
- **이누지루시***의 순면은 압박감이 약해서 편했습니다. (M·S 씨)
- **SOULEIADO***의 나이트웨어. 디자인과 촉감이 좋아서 입원과
  산후에도 애용했습니다. (다카나시 씨)

Q2 임부복으로 추천하고 싶은 것은?

- **무인양품**의 임부용 데님
  (E·K 씨, 아사노 씨, C·M 씨, 고바야시 씨, A·K 씨)
- **Angeliebe***의 P바지 (S·N 씨)
- **BAW***의 수유용 원피스
  … 배가 나온 부분이 적당히 가려져서 좋았습니다. (K·Y 씨)

Q3 임부용은 아니지만
임산부가 사용할 만한 것은?

- **3Coins***의 따스했던 LL 사이즈 타이즈
  … 잘 늘어나서 막달까지 입었습니다. (S·N 씨)
- **evam eva***의 니트 스커트
  … 끈으로 조절할 수 있어서 편안하게 입었습니다. (C·M 씨)
- 임부용 옷을 사기가 너무 싫어서 원피스나 고무줄 바지를
  샀습니다. 바지는 잘라서 골반바지로 만들면 막달까지 그런대로
  입을만했습니다. 출산휴가 때는 **유니클로***에서 플란넬셔츠와
  원피스를 2벌 사서 매일 세탁해가며 번갈아 입었습니다. (F·K 씨)
- **유니클로***의 남성용 셔츠 등, 남편 옷을 자주 입었습니다. (E·K 씨)

08mab*의 카슈쾨르*
원피스 (고바야시 씨)

• 카슈쾨르 : 앞판이 기모노처럼 앞여밈으로 된 옷,

15

1 배도 엉덩이도 넉넉하게 감쌀 수 있는 튜닉. 이미 가지고 있던 옷 중에서도 임신 중에 가장 많이 입었던 옷이 바로 이것.

2 평소 좋아하던 블라우스가 임신 중에도 맞아서 다행이었습니다. 바지는 임부용으로 세일 품목. 흰색은 어떤 상의에도 어울려서 자주 입게 됩니다.

3 부드럽고 따뜻하게 감싸주는 니트 바지. 안에 따뜻한 레깅스를 겹쳐 입어서 겨울에 유용하게 입었습니다. 배가 앞으로만 불쑥 나온 모양이어서 정면에서 보면 임산부인지 모를 정도로 자연스러운 코디.

4 임신 전부터 일 년 내내 입었던 와이드팬츠. 허리가 고무줄이어서 임신 중에도 입을 수 있었습니다. 임신 후기에는 고무를 한 줄 빼서 느슨하게. 겨울에는 안에 면과 니트 레깅스를 2장 입어서 뜨끈뜨끈했습니다.

5 긴 로브를 걸치면 배가 가려지면서 멋을 내기에도 좋습니다. 몸을 차게 해서는 안 되지만 화끈거리기 쉬울 때이니만큼 체온조절을 할 수 있는 소중한 아이템.

1
이세탄*의
오리지널
줄무늬 튜닉

2
ARTS&SCIENCE*의
블라우스 +
LEPSIM*의 바지

임신했을 때 입는 옷

임신하면 과연 어떻게 옷을 입어야 할까.
하반신을 압박하지 않게 편안한 옷을 입을 것.
몸을 차게 만들지 않을 것. 되도록 간편하게 입을 것.
이런 점을 고려해서 가지고 있는 옷 중에서 골라봅니다.

저는 원래 임신 전부터 편안한 옷을 좋아해서 대부분 제가 가진 옷을 맞춰 입을 수 있었습니다. 전보다는 선택의 폭이 넓지는 않았지만 그러기에 새삼스레 알게 된 점이 있었습니다. 역시 옷이 적어야 코디를 하기 쉽다는 것. 선택의 폭은 좁아도 '좋아하고' '착용감이 좋은' 옷이 있으면 편안하게 맞춰 입을 수 있습니다. 그렇게 다시금 깨달아 출산 후에도 옷을 새로 정리했습니다.

④ 무인양품의 스웨터 +
CHICU+CHICU5/31*의
리넨 와이드팬츠

③
F/style*의 스웨터
+ GU*의 니트 바지

⑤
④의 코디 +
evam eva*의
로브

임신을 해서도, 수유를 하는 중에도,
이 두 경우가 아니어도 입을 수 있는 옷은 어떤 옷일까.

【상의】 길이가 길고 허리 부분이 넉넉한 디자인. 산후에 수유를 할 수 있도록 위로 말아 올려도 너무 두꺼워지지 않고, 앞단추가 있거나 가슴 부분이 열리는 것이 체크 포인트. 제 경우엔 수유복으로 가슴 부분만이 열리는 옷을 한 벌 구입했는데, 충분히 열리지 않아서 결국 옷을 올리고 수유를 했습니다. 이런 얘기는 주변의 육아맘들에게도 많이 듣는 것이었습니다.

【하의】 고무줄이나 끈으로 허리 부분을 조절할 수 있는 것이 중요. 겨울에는 겹쳐 입기 쉬운 부드럽고 따뜻한 니트를 추천.

【원피스】 임신 중에 편해서 자주 입게 되는 원피스. 이후의 수유를 생각해서 가슴 부분이 열리는 디자인인지 확인하는 것이 좋습니다. 아래부터 걷어 올리려면 상당히 어려운 작업이 될 것이므로.

아기용품의 수납과 공간 만들기

아기를 맞이하기 위해서
생각해두어야 할 두 가지.
'밤과 낮을 위한 아기의 이부자리'와
'아기용품의 수납공간'을 확보해두는 것.

지금까지 경험한 적 없는, 상상도 하지 못했던 아기와의 생활. 가장 걱정되었던 것은 어디에, 어떻게 재우면 좋을까? 하는 것이었습니다. '아기 이부자리' '아기, 낮, 잠자리' 등을 여기저기 검색해 보았지만 방 배치나 가구 배치가 달라서 그다지 도움이 되지 못했습니다.

그러나 다양한 가정의 육아 방식을 보고 아기가 있을 곳과 수납을 위한 공간을 태어나기 전에 만들어둘 필요가 있다는 것은 참고가 되었습니다. 익숙지 못한 육아를 하면서 방에 새로운 공간을 만드는 일은 힘든 작업이 될 수도 있고, 방이 아기와 물건으로 복잡해지면 아기를 키우는 일이 더욱 힘들어질 수도 있습니다.

임신 7개월 정도가 되면서 '이것이 둥지 만들기라는 본능인가…!' 하고 놀랄 만큼 머릿속은 아기의 잠자리로 가득 찼습니다. 공간을 확보하기 위해서 침실 수납장을 처분하거나 거실의 가구를 선별해 이동시켰습니다.

그리고 아기용품의 수납공간도 필요했습니다. 전부터 간소하게 살고 싶었기 때문에 물건은 최소한으로 적게 집에 들이며 살아왔습니다. 하지만 이렇게 두 사람만의 물건으로도 집의 수납공간은 '딱 알맞은' 상태. 여유 공간이 없어서 물건을 하나씩 엄정하게 처분하면서 양을 줄일 필요가 있었습니다.

다만, 아기용품의 수납 장소는 당장 정하지 않고 아기가 태어나면 상황에 맞춰서 정하자고 생각했습니다. 상상과 현실은 분명 다를 테고, 한군데에 모아두기보다는 아마 방에 따라 필요한 물건이 생기지 않을까 하는 마음에…. '여기에 이걸 두면 편하겠네'라는 식으로 아기와 생활하면서 살피기로 했습니다.

침실 바꾸기

공간 확보하기

부부의 이부자리로 가득 찬 침실. 방의 한구석에 놓였던 선반을 치우고 가구가 하나도 없는 방으로 만들었습니다. 아기의 이부자리가 차지하는 평균 크기(폭 60~70cm)를 확보했을 뿐만 아니라 청소기를 사용하기 쉬운 방이 되었습니다.

임신 중에 이불 까는 방식을 시범적으로 만들어 보았습니다.

시계, 핸드크림, 자기 전에 읽는 책 등을 놓던 선반을 처분. 작은 방에서는 소규모 가구도 큰 자리를 차지하는 셈입니다.

벽장에 있던 상자를 꺼내 보니…

안에 잠자고 있던 미러볼 등 파티용품을 발견! 같은 상자에 들어있던 트위스터 게임은 세 자녀를 둔 지인에게 주었습니다.

현관의 책장도 정리해서 처분했습니다.

살림 총점검과 정리

집안 살림의 총점검에 나섰습니다. 잡지나 책, CD, 추억의 물건 등을 줄여나가며 집에 들일 새로운 아기 물건을 위해서 조금씩 공간을 확보했습니다.

서랍 2칸을 비울 수 있어서 아기에게 필요한 물건과 장난감을 수납. 아무 때나 금방 꺼낼 수 있도록 원래 오른쪽에 있던 서랍을 거실에 가까운 왼쪽으로 이동시켰습니다.

서랍 상단 : 종이기저귀와 아기 비누 등 출산 전에 준비해둔 아기용품들.

벽장 수납 바꾸기

서랍 하단 : 주변에서 물려받은 물건과 헝겊인형, 장난감 등.

우리 집의 수납은 현관의 신발장을 제외하면 이 벽장 뿐. 여기에 가족 전원의 옷이나 잡화를 넣어둬야만 했습니다. 벽장 아래의 3단 서랍에는 제가 일할 때 쓰는 도구와 가방 등이 들어있었습니다. 그것들을 전부 꺼내 하나하나를 선별하여 사용빈도가 낮은 것은 과감하게 처분하고 필요한 것은 이쪽저쪽 종류별로 나눠 보관했습니다.

전에 컴퓨터 책상으로 쓰던 것을 주방으로 옮겼습니다. 커다란 거울은 받침이 불안정해서 나중에 친구에게 주었습니다.

거실 바꾸기

거실에는 아기가 낮 시간을 보낼 공간을 만들었습니다. 창가에 있던 벤치형 받침대를 벽쪽으로 이동하고 그 공간에 아기침대를 설치할 계획이었습니다. 쭈그리고 앉는 것보다는 침대에 두고 아기를 돌보려는 생각에 안심하고 둘 장소가 필요했던 것입니다.

하지만 잘 쓰지 않게 된다는 육아맘들의 조언도 많았고 침대의 크기도 너무 컸습니다! 결국 아기침대는 놓지 않기로 했지만, 이 공간을 비워둔 덕분에 발코니에 드나들기 쉬워 동선이 원활해지는 뜻밖의 수확을 얻었습니다.

또한 좁은 거실에 바운서(부드러운 흔들림으로 아기를 달래는 아기 놀이 의자)를 놓을 공간을 확보하기 위해 컴퓨터 책상은 주방으로 옮기고 물건을 올려놓는 용도로 사용했습니다.

임신을 위한 준비와
임신 중 셀프케어

임신을 하기 전 건강의 중요함을
깨달은 것은 서른 살에 막 들어설 무렵.
무사히 임신을 하고난 뒤에도 나에게 맞는
건강관리를 익혀나가고 있습니다.

임신하기까지의 건강관리

임신하기 1년 전부터 몸 상태가 좋지 않아 몸이 차가워지고 붓는다는 것을 알았습니다. 서른 살을 눈앞에 두고 이제껏 관심을 가지지 않았던 건강관리에 마음이 가기 시작했습니다. 친구들과도 건강에 관한 이야기를 나누었는데 모두가 같은 고민을 하고 있었습니다.

　　그 후에 옷을 껴입거나 반신욕을 하는 등 몸을 따뜻하게 하고, 주 1회의 가압 트레이닝 (밴드를 팔이나 다리에 감아 압력을 가한 상태로 하는 운동)으로 건강관리를 했습니다. 애초에 건강이 목적이었던 것이지만 지금 생각하면 임신이 된 이유가 아닐까 싶을 정도로 몸이 좋아졌습니다.

임신 중의 운동

임신 전부터 다니던 가압 트레이닝. 임신을 알게 되고 17주를 쉬다가 가압밴드는 하지 않고 근력운동만 재개했습니다. 임산부가 단련해야 하는 부위를 중심으로 트레이너가 종류를 정해주어서 출산 일주일 전까지 계속하기로 정했습니다. 재개한 직후에는 놀랄 만큼 근력이 줄어있었지만 임신했다고 봐주지 않는 지도에 따라 다시 원상태를 유지할 수 있었습니다.

　　또한 근력운동과 동시에 임산부 체조도 병행했습니다. 필사적으로 움직이니 몸이 더워지며 땀이 흘렀습니다. 임신을 해도 이렇게 움직이는 것이 좋다는 전문가의 말에 따라 운동하다 보니 해방감이 느껴졌습니다. 임신 중에 스트레스를 발산할 수 있는 가장 좋은 시간이었는데 의욕이 샘솟을 만큼 좋아서 '아이를 낳고 나면 이제 못 오는 거네' 하는 서운한 마음마저 들 정도였습니다.

임신선을 예방하는 NYR* 스트레치마크 오일을 목욕 후에 배와 다리에 바르면 향이 산뜻한 기분을 선사합니다. 부기 방지를 위해 마사지 브러시로 다리를 문질러 주면 좋습니다. 뚜껑은 펌프식으로 바꿨습니다. 여닫는 것이 불편하면 저는 계속하지 않기 때문에….

　이렇게 운동을 했는데도 후기에는 식욕이 자꾸 생겨나 체중이 불었습니다. 많이 움직이기 위해 슈퍼나 은행 등을 갈 때는 걸어 다녔습니다. 그러자 체중 증가는 멈췄고 부기도 가셨으며 지금까지 차에 의지했던 생활을 바꾸는 계기가 되기도 했습니다.

임신 중의 식사

임신 중 나와 아기의 건강을 위한 중요한 요소가 바로 식사. 그러나 여태까지는 요리 자체가 서툴러서 영양관리에 그렇게 심혈을 기울인 적이 없었습니다. 산부인과에서 열리는 모자 교실에서 겨우 균형 잡힌 식단을 배울 수 있었습니다.

　모자 교실에서 준 책자와 메모를 가지고 집에서 엑셀로 영양표를 작성했습니다. 화장실과 냉장고에 붙여두고 반복해서 보며 머릿속에 저장하고 식재료의 포장 뒷면도 살피게 되는 등 식사에 대한 태도가 변해갔습니다. 나만을 위한 것이라면 이러지 않았을 것이라는 생각이 들자 이것이 모성의 시작인가 하고 느꼈습니다.

임신 중의 휴식

좋아하는 소파에서 뒹굴며 지낸 임신 기간.
돌아보면 너무나 사치스러운 시간이었습니다.

임신 초기는 쉽게 피곤해지고 쉽게 졸렸습니다. 업무나 집안일을 하다가 짬이
생기면 소파에 누워 잠이 들었습니다. 겨울에는 애용하는 온열 양말을 신고
따뜻해진 발을 느끼며 소파에서 푹⋯. 좁은 집이지만 무리를 해서 커다란 3인
용 소파를 선택하길 잘했다는 생각이 들었습니다.

　태동이 커져서 눈으로도 아기가 움직이는 것이 보이자 가끔씩 소파에 누
워 꿈틀거리는 배를 동영상으로 촬영했습니다. 출산 후에 보아도 아기가 사랑
스럽게 느껴지고 재미도 있으니 동영상으로 촬영해둘 것을 권하고 싶습니다.

　그런 휴식 시간에 공헌한 것이 커민씨드로 달인 커민차. 위에 좋고 임산부
에게도 좋다고 알려져 있는데 향기로워서 마시기 편해 매일 즐겼습니다. 자주
갈증이 났었는데 아주 효과가 있었습니다. 또한 병원에서 받은 임산부용 밀크
티 풍미에도 빠져서 자주 마셨습니다.

　소파에서 차를 마시며 주로 임신수첩(자세한 것은 p.31에)을 적거나, 임산부
잡지와 출산·육아에 관한 책을 읽으며 출산 후의 생활을 상상하는 시간을 가
졌습니다.

임신과 정보

막대한 정보량에 혼란스러운 가운데
임신 중에 얻은 지식은 주로 제품과 공간 활용에 관한 것 위주.
그 외에 무엇을 알아두어야 하는지 잘 알지 못했습니다.

이것저것 읽어두긴 했지만 막상 아이를 낳고 보니 '어떻게 하면 좋지?' 할 정도로 아기 돌보기에 무방비 상태라는 것을 깨달았습니다. 먼저 수유의 문제. 출산 다음 날, 간호사가 "완전 모유수유를 하실 거예요?"라고 묻자 저는 그저 멀뚱멀뚱. 모유가 충분한지, 그렇지 않으면 어떻게 할 계획인지 묻는 것이었습니다. 당시 저는 '모유로 할지 분유로 할지 내가 정하는 거야?' 하는 수준이었습니다. 그 외에도 '아기 재우기' '피부 발진' 같은 당황스러운 문제가 발생했습니다.

　육아에 관한 정보는 아주 많습니다. 다만 머릿속에 넣어두기에는 그 양이 너무나 많습니다. 그래서 '쓸데없는 걱정'이 될 가능성도 높습니다. 또한 지식을 아무리 갖고 있어도 생각지도 않은 일들이 닥치기도 합니다. 요즘 시대는 검색도 가능하고 다른 사람에게 상담도 할 수 있습니다. 정보를 너무 많이 모아 불안감에 빠지기보다는, 필요할 때 물건을 사듯이 필요할 때 검색을 하는 것이 오히려 더욱 편한 것 같습니다.

◎ 임신 중에 읽은 책

첫 육아
참고서로 삼으려고 구입. 월령에 따른 발육과 생활이 사례와 함께 적혀있어 그때그때 참고가 되었습니다. 〈궁금해요, Q&A〉에는 알고 싶은 내용이 다양하게! (가와카미 요시 감수. 효코클럽 편집/베네세 코퍼레이션)

출산 후 엄마의 마음과 몸이 편안해지는 책
'아무도 가르쳐주지 않았지만 사실 출산 후에도 여러 가지 고통이 있다'는 마음의 준비를 하게 해주었습니다. 출산한 지 얼마 안 된 친구에게 주었더니 매우 만족. (아카스구 편집부. 오하라 유키코 그림/미디어팩토리)

임신과 출산 예습 BOOK
임신 중과 출산 후에 몇 번이나 이 책을 펼쳐보았는지 모릅니다. 사례가 만화로 소개되어 보기도 쉽고 도움이 되는 정보가 가득합니다. (후쿠치 · 마미 지음/다이와서점)

엄마는 허둥지둥
정보수집보다는 기분전환을 위해서 읽었던 재미있는 책! 다 읽은 후에 느낀 점은 '젖을 오래 먹이면 힘들다' '자식이란 가장 사랑스러운 생물'이라는 것. (히가시무라 아키코 지음/슈에이샤)

◎ 자주 찾던 블로그

리얼! 일기2
산후의 경과에 따라 검색을 하다가 발견. 상세하고 재미난 정보와 다양한 사진으로 생생한 사례를 참고할 수 있습니다. http://tomoriso.seesaa.net

야마모토리에 육아일기
일러스트 블로그로 매일 갱신되는 일기를 기다리는 재미가 있었습니다. 아이의 요정 같은 말투와 엄마의 시선이 온전히 전해져 사랑스럽습니다. http://ameblo.jp/rinpotage

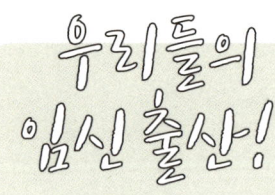

Q4 임신 중에 사용해보고 좋았던 물건은?

· **무인양품**의 스위트아몬드오일
(펌프식이어서 사용하기 쉬워 배와 다리
마사지를 아무 때고 할 수 있었습니다).

· 비즈 쿠션. 양말을 신을 때 도움이 되었
습니다. (혼다 사오리)

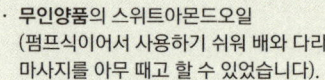

· **몽벨**(mont bell)*의 반소매 패딩점퍼.
방한용으로 집이나 직장, 외출 시에도 입었습니다. (C·T 씨)

· 여름에 임신해서 땀이 엄청나게 났습니다. **유니클로***의 에어리즘과
야쿠르트의 바디파우더(生活番彩)*는 땀이 나도 보송함을 유지시켜
거의 매일 사용했습니다. (F·K 씨)

· **피죤**(pigeon)*의 마사지크림 (임신선이 생기지 않았습니다). (E·N 씨)

· **카리타**(CARITA)*의 오일. 향에 진정 효과가 있어 전신에 발랐습니다.
임신선이 생기지 않았습니다. (아사노 씨)

· **러쉬**(LUSH)*의 핑크페퍼민트. 부종에 효과가 있었습니다. 임신 중에는 냄새에
예민했는데 민트 향이 싫지 않아서 오히려 쾌적했습니다. (다카나시 씨)

· **마마버터**(MAMA BUTTER)*의 바디로션, **오가닉 마돈나**(Organic
Modonna)*의 바디 세럼 슈페리어. 둘 다 펌프식의 대용량이어서
사용하기 쉽고 향이 좋았습니다. (고바야시 씨)

· 잘 때 수유 쿠션을 안고 잤습니다. (K·Y 씨)

· 걱정이 많은 제게는 심장박동 소리를 들을 수 있는 기계가 매우
도움이 되었습니다. 그 외에도 **벨레다**(WELEDA)*의 카렌듈라 오일
등이 좋았습니다. (M·S 씨)

Q5 임신 중에 구입했지만 별로 쓰지 않았던 것은?

· 골반 벨트가 부착된 반바지와 임산부용 레깅스
 (두 가지 다 너무 불편해서 입지 않았습니다). (혼다 사오리)

· 어머니가 복대를 주셨는데, 출근으로 바쁜 아침에 두르기가 힘들어
 한두 번 쓰다 말았습니다. (C·T 씨)

· 골반 벨트와 복대.
 불편하고 귀찮아서 만삭 때 밖에 사용하지 않았습니다. (E·K 씨)

· 임산부용 임신선 방지를 위한 마사지 크림.
 갖고 있다는 사실을 잊어버려서 사용하지 않았습니다. (K·Y 씨)

Q6 임신 중의 셀프케어, 치유 아이템, 휴식 프로그램은?

· 압박 양말, 그레이프후르츠 아로마오일, 부종 방지 크림 등.
 임산부 전용 출장 마사지도. (S·N 씨)

· 임신 전부터 다니던 핫요가를 막달까지 다녔는데 부종이 생기지 않았
 습니다. 방한용 양말도 임신 전부터 신었는데, 발이 따뜻해서 편안한
 느낌으로 지낼 수 있었습니다. (F·K 씨)

· 목제 마사지 도구.
 이부자리를 개조해서 쾌적한 수면을 취할 수 있었습니다. (E·K 씨)

· 아침에 아사이베리 쥬스를 마시고 출근 (출근길 어지럼증을 막기 위해).
 (다카나시 씨)

· 산후조리원에서 하는 산모용 체조와 산모용 요가에 참가한 것.
 산책, 온천여행. (고바야시 씨)

· 산모용 요가와 골반케어 체조.
 스쿼트 50회와 뜸을 매일 떴습니다. (M·S 씨)

아기용품 준비

세상에는 넘칠 만큼 많은
아기용 옷과 제품이 있습니다.
그중 정말 필요한 것은 무엇일까요?
처음에는 어림짐작만 할 뿐이었습니다.

아기옷 2벌
프랑스의 모노프리
(MONOPRIX) 슈퍼에서
구입. 그러나 실패! 크기
가 너무 작아서였습니다.

임신·출산 관련 잡지 등에는 '출산 전에 준
비해두어야 할 아기용품'이라는 표가 있
습니다. 하지만 짧은 옷, 긴 옷, 세트로 된
것…. 도대체 어떤 것이 필요한지 정확히 와
닿지가 않았습니다. 인터넷이나 남편의 선
배에게서 들은 정보로 '아무래도 긴 옷은 필
요 없겠지. 짧은 것과 세트로 준비하자'라고
결론을 내렸습니다. 하지만 그때는 그것이
소매가 길고 짧은 얘기인 줄 알았습니다. 나

침낭
프랑스에서 유모차용으로 구입.
태어나자마자 당장은 유모차를
탈 일이 없어 못 썼는데,
이 제품이 원래 침낭이라는
사실을 나중에 알게 되었
습니다. 미리 알았다면 잘
활용했을 텐데 하는 아쉬움이….

중에 가게에 갔을 때 저는 그만 놀라고 말았습니다. '옷의 기장을 말한 거였구나!'

옷도 롬퍼스, 투웨이올 등등, 온통 처음 듣는 단어였습니다. 한겨울에 태어나는 내 아이
를 위한 옷은 뭐지? 라고 고민하자 친구가 "겨울이라도 방안에서는 얇은 옷도 괜찮아. 우
리 애도 얇은 걸 입혀" "많이 사지 말고 필요할 때 사면 돼"라고 가르쳐주었습니다. 조언에
따라 옷은 거의 사지 않고 물려받은 옷 세 벌로 출산을 맞이했습니다(산 것은 어쩌다 보니 너
무 작아서 입히지 못했습니다). 친정어머니가 "옷은 어디에…?"라고 물을 정도였습니다. 정말
낳고 보니 '옷 따위'는 필요 없다는 생각이 들었습니다. 물려받은 옷은 너무 컸기 때문에
당황해서 인터넷을 뒤져 3벌을 샀습니다. 우유를 토하지 않는 아이여서 소량의 옷으로도
지낼 수 있었습니다. 아무리 사전에 정보를 수집해도 막상 일이 닥쳐야 알 수 있는 일투성
이였습니다. 이런 점은 아마도 육아 전반을 통해서 그러할 것이라는 생각이 들었습니다.

출산 전에 구입한 물건 리스트

【 의류 편 】

짧은 내의 4벌
평소에 제가 이너웨어로 애용하는
믿을 수 있는 상표를 선택했습니
다. (PRISTINE* 외)

콤비 내의 4벌
짧은 옷 위에 겹쳐 입는 용도로 구입.
다리 부분이 똑딱단추로 되어 있어
서 편리합니다. (PRISTINE* 외)

투웨이올
피부에 닿는 촉감이 좋고, 부드러
운 색이 배합된 화이트가 아기에게
잘 어울렸습니다. (PRISTINE*)

잠옷
신생아 때부터 1세 겨울까지 유용하
게 입었습니다. (PRISTINE*)

양말과 레그워머
겨울에 태어나서 준비했지만 출생 직후에
는 외출할 일이 없어서 쓸 일이 없었습니다.
양말은 작아져 버려서 쓰지도 못한 채 친구
에게로. 레그워머(어른용 암워머)는 한 살
겨울에 바지 위에 겹쳐서 신겼습니다. 알파
카 털로 짜여서 따뜻하고 사랑스럽습니다.
(PUENTE*)

출산 전에 구입한 물건 리스트

【 아기용품 편 】

토폰치노
인터넷에서 아기 이불을 검색해서 발견한 상품. 신생아부터 3개월까지 유용했습니다. (자세한 설명은 p.48에)

**세탁물 바구니
(아기 욕조로)**
한 달 정도만 사용할 욕조를 사기엔 아까워서 대신할 수 있는 물건을 찾다가 발견한 상품. 지금은 본래 용도인 세탁바구니로 사용 중. (이케아)

아기 비누
거품 타입이어서 빨리 손을 씻을 수 있습니다. 심플한 무인양품 용기에 덜어서 사용. (아라우 베이비)

기저귀 교환 매트
태어나 수개월 간은 기저귀를 갈 때 오줌을 싸기 때문에 방수 시트가 꼭 필요했습니다. (이케아)

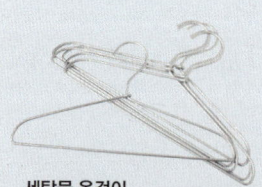

세탁물 옷걸이
폭 33cm의 작은 크기가 아기 물건을 걸기에 안성맞춤. 세탁물 건조뿐만 아니라 매달아 놓는 물건을 보관하기에도 적합. (무인양품)

왁스를 입힌 종이봉투
가제 수건을 보관하려고 구입. 어떤 것이든 수납할 수 있고 사용하지 않을 때는 납작하게 접어두면 됩니다. 잘 서는 것도 장점. (다키가와 카즈미*)

임신·육아노트를 만들었습니다

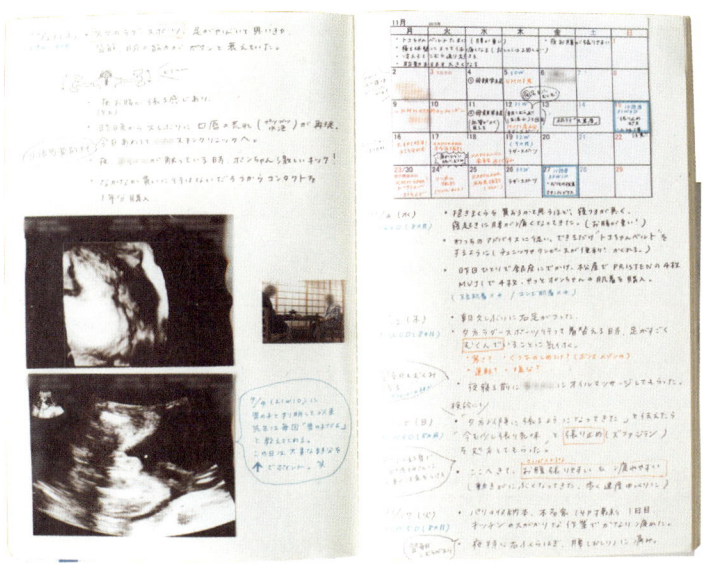

정보를 눈으로 보는 것을 좋아하는 저는 메모광, 노트광입니다. 점점 변해가는 제 몸과 아기에 관해 기록하지 않을 수 없었습니다. 나중에 둘째를 낳게 된다면 참고하기 위한 목적도 있었습니다.

노트는 A4 크기보다 조금 작고 줄이 없는 것을 준비했습니다. 월별 달력을 엑셀로 작성해서 붙이고 거기에 임신 주 수와 몸 상태를 메모한 뒤 일과 휴식 계획을 대충 기록했습니다. 주변 공간에는 쓰고 싶을 때에 일기를 쓰거나 검진 때 받은 초음파 사진과 배를 찍어 붙였습니다. 일기는 계속 이어서 쓰진 못했지만 이 노트만은 지속적으로 써서 출산·육아노트가 되었습니다. 노트와 함께 생후 8개월까지는 육아일기도 이어갔습니다.

출산 당일은 잊어버리기 전에 입원 중에 자세히 적어두고, 입원 생활은 하루에 한 쪽씩 시간별로 기록했습니다. 지인들에게 받은 출산 축하편지와 메모도 모두 여기에 함께 보관해 항상 펼쳐볼 수 있었습니다. 퇴원 후에는 1개월, 2개월, 월령에 따라 성장하는 모습과 생활하는 모습을 항목별로 기록했습니다.

배의 변화부터 태어나서 커가는 모습들. 앞으로는 어떤 일이 생길지, 아이가 커서 이것을 읽는다면 어떤 기분일지 등, 여러 가지로 즐거운 한 권의 책이 되었습니다.

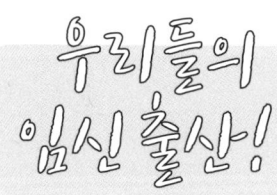

Q7 지나고 나서 알게 된 〈준비했어야 할 것〉과 〈걱정할 필요가 없었던 것〉은?

꼭 필요한 것은 아기를 재울 공간의 확보. 목욕용품. 외출복. 유모차는 나중에 사도 괜찮다고 생각합니다. (S·N 씨)

《필요 없는 것》 → 임산부용 치마와 치마바지(평소에 잘 입지 않는 디자인이라 맞춰 입을 옷이 없어서 입지 않게 되었고 다른 옷으로 대신). 아기용 콤비 속옷(태어나자마자는 필요하지 않았고, 긴 옷을 애용했습니다).

《필요한 것》 → 야간 수유용 라이트(무인양품의 라이트를 활용. 익숙지 않은 수유를 하는 데 적절한 조명으로 요긴했습니다). (다카나시 씨)

친정에 가서 출산이나 산후조리를 하는 경우, 출산 전에 친정집의 방을 편안한 공간으로 꾸며두는 것이 좋습니다. 익숙지 않은 육아를 하면서 방을 정리하는 것은 매우 힘든 일. 필요한 것은 최소한으로 준비해둡니다. 근처에 아기용품점, 잡화점이 있으면 가족이나 남편에게 필요한 물건의 구입을 부탁할 수 있고 인터넷으로도 주문할 수 있으므로 여유로운 마음으로! 걱정되는 것은 사전에 점검해두고 실물을 보고 확인해 두는 것이 좋습니다(인터넷으로 검색해서 '장바구니'에 담아둡니다). (고바야시 씨)

첫아이여서 출산 전에 온 힘을 다해 거의 모든 것을 준비했지만 결국 아무 쓸모없게 되어버렸습니다. 에르고*의 신생아용 인서트는 결국 3개월까지 안고 나가지 않았기 때문에 사용하지 않았습니다. 아기침대는 대여했는데 몇 개월 사용하지 않아서 구입하지 않은 걸 다행으로 생각했습니다. 기저귀를 어떻게 처리할까 고민한 결과, 전용 휴지통을 사려다가 뚜껑 달린 바구니를 준비했는데, 여름철에도 냄새가 나지 않아 만족했습니다. (F·K씨)

목욕은 세면대에서 할 수 있어서 아기 욕조는 필요 없었습니다. 지금 와 생각하면 온도계도 필요 없지 않았나 싶습니다. 즉시 측정할 수 있는 체온계는 준비해두길 잘한 것 같습니다. 2개월부터 예방접종을 시작했는데 부반응(저절로 좋아지는 경우도 있어 부작용과는 다름)으로 열이 나는 경우가 많았습니다. 모유는 나오고 안 나오는 개인차가 있으니 모유를 담는 젖병은 우선 한 개만 있으면 되지 않을까 싶습니다. 착유기와 모유 냉동팩을 받았는데 전혀 사용하지 않았습니다. (E·K씨)

많은 양의 기저귀와 물티슈를 보관할 곳을 확보하는 것이 좋습니다. 생각보다 가제 수건을 많이 사용했습니다. 아무거나 사두기보다는 아이를 키우면서 그때그때 필요한 것을 사는 것이 좋습니다. 미리 사두면 사용하지 않는 것이 많이 생깁니다. 아기와 엄마가 필요로 하는 것도 사람마다 달라서 생활하며 알게 되니까요. (아사노 씨)

수유에 관해서 아무것도 생각하지 않았는데, 모유가 바로 충분한 양이 나오는 것이 아니라는 것을 입원 중에 비로소 알게 되어 급하게 아마존에서 젖병과 소독기를 주문했습니다. 그 후에 젖병 세제, 스펀지도 필요하다는 것을 알게 되고 어머니가 사다 주셨습니다. 유방을 관리하는 크림을 갖고 있어서 다행이었는데, 유방에 관해서도 알아두는 것이 중요하다는 것을 깨달았습니다. 아기 이불은 한 벌이 있었는데 한 번도 사용하지 않아서 꼭 필요한 것은 아닌 것 같습니다. (M·S씨)

만일을 위해서 입원할 때 가져갔던 퓨어렌 크림*은 수유로 유두가 아플 때 바르면 금방 효과가 있었습니다. 예방 차원에서 가지고 있으면 좋습니다. 또한 제가 준비한 것은 아니지만 친구에게 받은 고보우시(우엉의 씨를 말하며, 유방염으로 모유가 막혔을 때 효과가 있는 한방약재)도 매우 도움이 되었습니다. 유방염은 언제 생길지 모르니 준비해두는 것이 좋습니다. (K·Y씨)

대신할 수 있는 것들이 많아서 필요할 때마다 사는 것이 낭비를 줄이는 것이라고 생각합니다. (C·M씨)

【 부부만의 생활을 즐기자! 】

임신을 하고 나니 주변 사람들이 "여행 다닐 수 있을 때 다녀라" "외식도 해둬라"라는 말을 하곤 했습니다. 분명 남편과 둘이서 살던 생활과는 다르게 변할 것이고, 그동안의 오락과 여가생활도 잠시 미뤄두게 되겠지요. 그렇다면 지금 할 수 있는 것을 해두자!

남편은 고등학교 시절부터 오랜 시간 사귀어 온 사람. '이거 좋네!' 하는 감각이 여자 친구처럼 잘 맞아 죽이 맞는 스타일이라고 할 수 있습니다. 저는 둘만의 생활에 싫증을 느끼지 않았는데 출산 직전에 "둘이서 지내는 것도 이젠 좀 지겨워졌으니!"라는 소리를 듣고는 가슴이 쿵! 그, 그랬어…?

아무튼 활동하기 편해진 임신 중기가 마침 여름이어서 매년 갔던 캠프를 가거나 평소 가보고 싶었던 곳으로 여행을 갔습니다. 출산휴가를 낸 12월이 되자 '출산을 위하여'라는 명목으로 조금 호사를 누릴 작정이었습니다. 가보고 싶었던 호텔에 머물면서 야경을 바라보며 온천을 즐기거나 크리스마스 디너를 먹으러 다녔습니다. 코스 요리를 먹고 싶다고 하자 별로 좋아하지 않는 남편도 이때만큼은 제 소원을 들어주었죠.

특히 마음에 들었던 것은 영화관의 VIP 좌석을 예약한 이벤트였습니다. 만삭의 커다란 배를 하고도 편하게 앉아있을 수 있는 자리에서 영화를 보는 즐거움, '이제부터 힘내야지!'라는 마음으로 각오를 다졌습니다.

2장

출산 편

나의
출산 이야기

스쿼트를 비롯해 출산에 도움이 된다고 하는 다양한 시도를 한 결과,
예정일 이틀 전에 진통을 시작해 7시간 만에 무사히 출산.
하지만 역시 고통스럽고 힘들었습니다.
출산의 감동이 밀려온 것은 다음 날이 되어서였습니다.

무사히 출산할 것이라는 말을 듣고 임신 후기에는 시간이 생기면 스쿼트(발꿈치를 땅에 대고 무릎을 굽혔다 폈다 하는 운동)를 했습니다. 출산 당일도 산책할 겸 나가 공원에서 스쿼트를 하는데 진통이! 곧바로 진통에 관한 앱을 다운로드 받아 시간을 재다가 2~3분 간격으로 진통이 오는 시점에 병원으로 향했습니다. 극심한 고통이 밀려왔지만 자궁문은 아직 2cm만 열려서 휴식을 위해 일단 집으로 돌아왔다가 3시간 후 진통이 더 강하게 자주 몰려와 다시 병원으로.

분만에는 남편도 참여하려 했지만 오가는 옆방의 산모가 제왕절개를 하게 되어 퇴출당하였습니다. 그로부터 2시간은 남편도 조산사도 도와줄 수 없는 고독한 싸움이었습니다. LDR(진통, 분만, 회복을 전부 같은 방에서 할 수 있는 시설)의 분만대는 불쾌한 모양이었는데, 보호자와의 접촉은 금지되었고 세계가 희미해져 시간의 흐름도 알 수 없었습니다. 사력을 다하는데 남편이 옆에 돌아왔고 그로부터 한 시간이 흘러 커다란 남자아이를 출산했습니다!

출산 직후에는 갑자기 고통이 없어지며 멍한 상태가 되었습니다. 아기도 체온이 내려가지 않도록 바로 데리고 가버려서 감동할 시간도 없었습니다. 그리고 반나절은 손발이 저려서 식사도 못 할 정도였습니다.

한편, 남편은 아이가 태어나자 감동과 함께 '죽을 것처럼 보였던 아내가 살아있다'는 안도감에 울었다고 합니다. 출산에 참여하느냐 마느냐 하는 얘기가 있던 애초에는 "좀 무서운데"라고 했던 남편이었지만 함께 해서 좋았다고 했습니다.

제게 아이를 낳은 감동이 밀려온 것은 다음 날. 모자가 같은 입원실을 쓰게 되어 아기를 데리러 신생아실에 가서 방으로 돌아오자 마침 밝은 햇빛이 비치고 있었습니다. 따스한 빛 속에서 '아기와의 생활이 시작된다…'는 느낌이 서서히 밀려왔습니다.

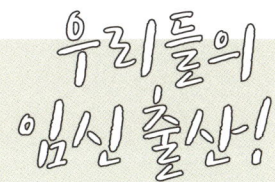

- 화통분만 : 마취를 이용해 진통을 가라앉혀 분만하는 방법.
- 무통분반 : 출산 전에 행하는 라마즈 체조 등까지 확대된 화통분만의 더 넓은 개념.

Q8 출산의 종류는?

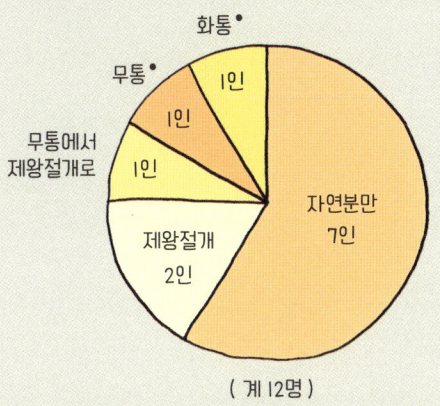

화통 •
무통 •
1인
1인
무통에서 제왕절개로
1인
제왕절개
2인
자연분만
7인

(계 12명)

Q9 실제로 들었던 비용은?

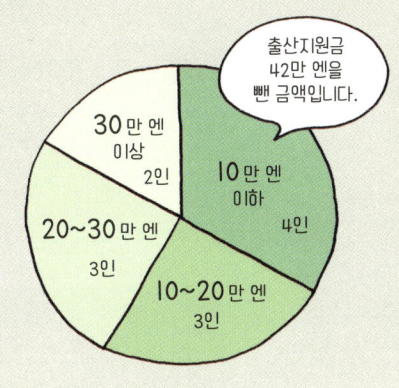

출산지원금 42만 엔을 뺀 금액입니다.

30만 엔 이상
2인
10만 엔 이하
4인
20~30만 엔
3인
10~20만 엔
3인

Q10 병원을 선택한 포인트는?

- 집에서 다니기 쉬운 곳. 설비가 잘 되어 있고 대응력이 좋은 곳. (C·T 씨)

- 고령 출산이어서 어머니가 권하는 대로 동네에서 가장 시설이 좋은 종합병원으로 결정. 시설을 새로 고친 직후인 것도 결정에 한몫했습니다. (F·K 씨)

- 집에서 가까운 곳. 무통분만도 할 수 있는 곳. (E·K 씨)

- 첫째 아이 → 무슨 일이 일어나도 바로 대응할 수 있는 큰 병원. 모자 동실. 둘째 아이 → 근처의 화통분만이 가능한 곳. (아사노 씨)

- 병원이 밝고 깨끗하며 입원 중에 식사가 맛있다는 곳. 비교적 집에서 가까워서 기분 전환으로 통원할 수 있는 거리의 병원. (고바야시 씨)

- 되도록 집에서 가까운 곳. 한 가지 방법만 고집하는 병원은 피하자고 생각했습니다. (K·Y 씨)

- 무통분만을 24시간 대응할 수 있는 곳. 미숙아, 저체중아 등을 위한 집중치료실이 있는 곳. 집에서 가까운 곳. (A·K 씨)

수건과 손수건을 2장씩. 입원하면 목욕 수건은 시설에 있으니 많이 챙길 필요는 없습니다. 실내가 건조할 때는 적셔서 습도를 조절하는 용도로도 사용.

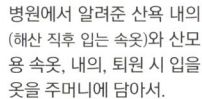

병원에서 알려준 산욕 내의(해산 직후 입는 속옷)와 산모용 속옷, 내의, 퇴원 시 입을 옷을 주머니에 담아서.

입원 준비와 제품 선택

꼭 필요한 것들과 집에 있는 것처럼 편안한 느낌을 주는 물건을 챙깁니다. 입원이란 장소만 바뀐 것일 뿐 생활하는 것은 다르지 않기 때문입니다.

산달에 접어들면 짐 꾸리기. 캐리어에 파우치와 보자기를 이용해서 나누어 담습니다. 캐리어는 운반하기 편하고 내용물을 찾기도 쉽습니다.

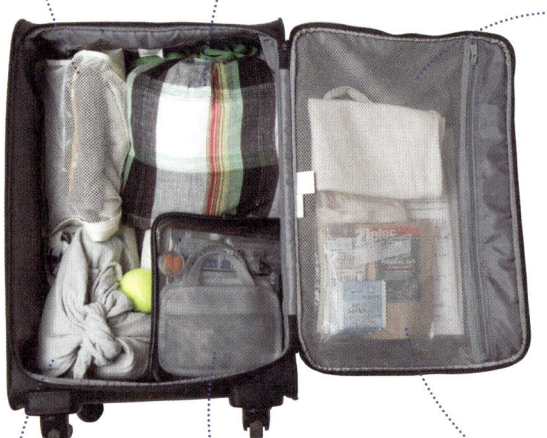

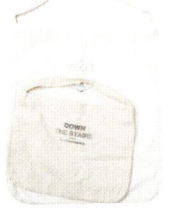

작게 접을 수 있는 헝겊 주머니 2종류는 여행을 다닐 때도 항상 가지고 다닙니다. 여행지에서 귀중품을 담아 가지고 다니기에 편리.

젓가락과 머그컵은 조리원에서 가지고 오라고 한 것들. 물통은 따뜻한 차를 만들어 두기 위한 것. 프랑스 아동용 브랜드 BONTON 헝겊으로 싸서. 헝겊은 퇴원 후 바운서의 머리 아래에 깔거나 식탁이 더러워지지 않게 깔아두는 용도로 활용.

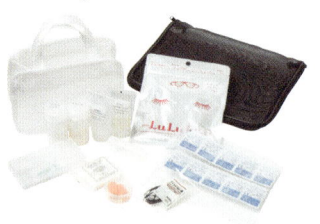

콘택트렌즈와 화장품, 귀마개(사용하지 않음)를 모두 하나의 파우치에. 입원실 서랍에 넣어두고 사용.

선물로 받은 허브차와 디카페인 인스턴트커피를 지퍼백에 하나로.

신생아용으로 준비했던 물건

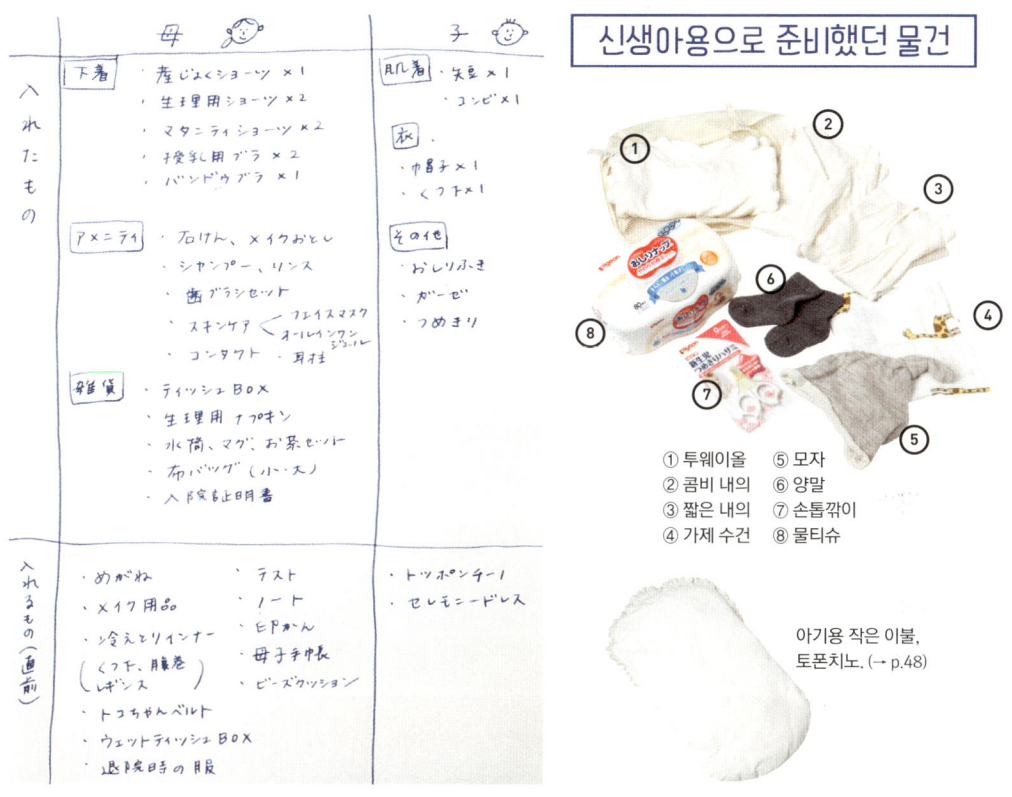

① 투웨이올 ⑤ 모자
② 콤비 내의 ⑥ 양말
③ 짧은 내의 ⑦ 손톱깎이
④ 가제 수건 ⑧ 물티슈

아기용 작은 이불,
토폰치노. (→ p.48)

여유를 가지고 미리 싸두어야 할 것과 평소에 사용하고 있기 때문에
입원 직전에 짐을 꾸릴 것으로 나눠서 표를 만들어 두었습니다.

아기와 지내게 될 산부인과에서는 분만으로부터 5일간 입원하는 것이 보통입니다. 그 기간 동안 집에 있는 것처럼 편안하게 지낼 수 있도록 준비해야 한다고 생각했습니다.

예를 들면, 기대 이상으로 요긴하게 쓰였던 **무인양품**의 '아로마 디퓨저'. 집과 똑같은 아로마를 피워서 평소와 같은 향을 느끼며 안정을 취할 수 있었습니다. 산부인과의 입원실은 건조해서 가습 효과로도 일석이조. 또한 보온이 되는 물통과 허브차를 가지고 가서 차를 우려 두고 늘 따뜻한 차를 마실 수 있었습니다. 차 세트는 손님이 왔을 때도 유용했습니다.

입원 준비는 캠프를 떠날 때 준비하는 것과 비슷했습니다. 가져가지 않으면 없는 것이고, 있으면 편리한 짐 꾸리기. 도착한 곳에서도 조금이나마 기분 좋게 보낼 수 있다면…, 하고 생각하는 점도 그렇습니다.

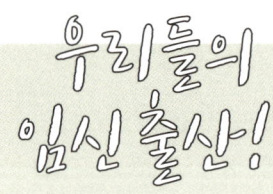

Q11 입원 준비용품으로 쓸모 있었던 것과 없었던 것은?

도움이 된 것

GOOD!

· 빨대가 달린 물통.

분만 시에도 사용했지만 입원 생활 중에 침대에서 음료를 마시기에 편리했습니다. (혼다 사오리)

이것이 없었다면! 산후조리가 길어서 스포츠드링크용과 차를 마시는 용도로 2개나 가지고 싶었을 정도. (C·T 씨)

그 외에도 S·N 씨, 아사노 씨, 다카나시 씨, K·Y 씨, A·K 씨도 동의!

· 베개에 까는 수건 (시트 교환이 일주일에 한 번이어서). (C·M 씨)
· 유두용 크림 **퓨어렌***. 입원 중이야말로 필요성을 절감했습니다. (C·T 씨)
· 샌들을 가지고 갔는데, 욕조에서 나와 젖은 발로 신기에 편했습니다. (F·K 씨)
· 전자레인지에 데워서 사용하는 팥 뜸. 아이마스크와 벨트 형으로 눈가와 허리를 따뜻하게 했습니다. (M·S 씨)

불필요한 것

· 산욕 내의. (혼다 사오리, 고바야시 씨)
· 많이 챙겨갔던 속옷들. (C·M 씨, C·T 씨)
· 오락용품들. 입원 중에는 수유와 강좌 등으로 바빴고 틈만 나면 자느라고 쓸 시간이 없었습니다. (E·K 씨)
· 출산 중에 들으려고 3장을 편집해서 만든 CD를 전혀 듣지 않고 가지고 돌아왔습니다…. (K·Y 씨)

Q12 실제로 출산한 후 감상은?

첫아이는 고통스럽고 괴롭기만 했습니다. 난산이어서 낳고 난 후에도 몸과 꿰맨 자리가 아팠습니다. 두 번째 아이는 화통분만을 선택했더니 한결 편했습니다! 기력이 남아 남편과 얘기를 하며 자궁문이 열리기를 기다렸다가 조금 후에 배에 힘을 줬더니 아기가 나왔습니다. 이 정도라면 얼마든지 아이를 낳을 수 있겠다고 생각했습니다. (아사노 씨)

드라마나 친구들에게 전해 들은 바, 고통에 소리를 지를 것이라고 했습니다. 엄청난 출산을 상상했는데 그렇지는 않았습니다. 물론 고통스럽긴 했지만 나중에 참가한 남편이 "너무 평범해서 김이 빠졌다"고 했습니다. (F·K 씨)

시간이 전혀 흐르지 않는다! 라는 한마디로 표현할 수 있었습니다. 배가 너무 아파서 1시간이 지났나, 생각했는데 10분밖에 지나지 않았습니다. 그렇게 LDR에서 혼자 데굴데굴 구르는데 지금이 몇 시고 여기는 어디인지 점점 멀어져 갔던 기억이 있습니다. (K·Y 씨)

저녁 10시에 파수가 시작되어 양수가 없어서 공포에 떨었습니다. 임신 중에는 출산의 고통에 관해 생각한 적이 없어서 상상을 넘어서는 두려움이었습니다. 일 년간의 생리통이 한꺼번에 몰려오는 기분이었습니다. 밤새도록 테니스공을 쥐고 있다가 잘못해서 남편의 안경을 망가뜨리고, 분만대에 올라서는 기절을 해서 아이를 낳았을 때는 '겨우 나와 주었구나~' 하는 안도감으로 가득했습니다. (다카나시 씨)

즐거웠습니다! 아기의 모습을 처음 본 순간 '이제부터는 따로 떨어진 사람이구나'와 '아이는 괜찮구나'라고 생각했습니다. 태반 유착이 의심되어서 태반이 제대로 나오는지 출혈량은 어떤지 본격적인 검사를 하게 되어 감동을 느낄 여유가 없었습니다. (M·S 씨)

마취를 하자 체온이 급격히 떨어져 몸이 떨려오는 통에 죽는가 보다 생각했습니다. 차차로 안정이 되었고 무사히 출산했는데, 출산 시 뭐라 말할 수 없는 쾌감이 느껴져 '또 낳고 싶다~'는 여유 있는 말을 했습니다. 그 후에 일주일 동안 잔뇨 검사며 회음부, 허리, 유방 등이 아파서 그 말은 취소했습니다. (A·K 씨)

COLUMN ❷ 【 남편과 집안일 】

남편은 학생 시절의 동갑내기 동창으로 25세에 결혼했습니다. 밝고 덜렁대는 성격으로 세밀한 작업은 어려워하는 타입(저에게는 그런 점이 매력으로 다가왔지만)이어서 처음에는 집안일은 거의 하지 못했습니다. 아니, '하려고도 하지 않았다'는 것이 맞을지도요.

신혼생활의 마지막을 고하는 결혼 2주년 기념일, 저는 결국 폭발하고 말았습니다. "왜 나만 집안일을 해야 하는 거야? 두 사람의 생활이니 둘이서 해야 하는 거 아냐?" 소리 내어 울면서 따지는 저에게 굉장히 큰 충격을 받은 모양이었습니다. 남편은 그때부터 조금씩이지만 집안일을 하기 시작했고, 저는 집안일의 순서와 물건이 있는 곳을 설명해주었죠. 물건을 수납할 때는 '남편이 알기 쉽게'를 중심으로 하자니 쉽지만은 않았습니다. 각자가 필요한 것을 스스로 찾을 수 있고, 사용한 것을 제대로 정리할 수 있다는 것은 부부가 원만하게 사는 비결이라고 해도 과언이 아닐 것입니다. 이것이 순조롭지 못하고 "그거 어디 있어?" "저기 있잖아!"라는 사소한 마찰이 반복되면 서로 스트레스를 만들고 어느 틈에 문제를 악화시켜 싸움에 이르게 되기 때문입니다.

결혼 2주년이 되어 집안일을 시작한 남편이지만 그 후로 아이가 탄생하기까지 약 4년 동안, 생각하면 그의 살림 솜씨는 상당히 발전했습니다. 설거지, 빨래 널기와 개기, 간단한 바닥청소, 욕조 닦기…할 수 있는 집안일의 목록이 늘어난 것도 감사하지만 제가 무엇보다 기쁜 것은 '해야 할 집안일을 안다'는 것이었습니다. 어느 날 저녁식사 후, 남편이 주방에 어질러진 반찬과 남은 밥을 랩으로 씌워 냉장고에 정리했을 때에는 감동을 하였습니다. 이것이야말로 결혼 2주년을 맞이한 제가 바라던 것이었기 때문입니다. 별것 아닌 것도 쌓아두면 귀찮아지고 시간도 걸리는 집안일을 너나 경계 없이 함께 하는 느낌. 남편은 내일도 기분 좋게 집안일을 나눠서 하겠지요.

3장

0 ~ 3개월
아기와의 생활 시작

아기와의
생활 시작!

선배맘들로부터 "생활이 완전히 바뀌었어!"라는
말을 들은 적은 있지만 정말 커다란 변화였습니다.
무엇을 하려면 아기가 울지 않는 틈을 타서
조마조마한 마음으로 해야 하니
살림과 육아를 간편하고 효율적으로
해내는 계획이 필요했습니다.

퇴원 후, 친정어머니가 바깥일로 바빠 근처 도시에 있는 남편의 본가에 3주 동안 가 있었습니다. 시어머니는 혼자서 집안일을 다 하시면서 저를 돌봐주셨고, 아기를 키우는 여러 가지 기본적인 방법도 가르쳐주셨습니다. 말로 다 표현할 수 없을 만큼 감사했습니다!

그러한 좋은 환경에도 불구하고 2주가 지나자 우리 집이 그리워졌습니다. '집에 가서 집안일을 하면서 지내고 싶다'는 생각이 새록새록 커졌습니다. 제게 '살아간다'는 것은 마음을 정돈하는 모든 것이어서, 내가 만든 그 집과 집안일을 진심으로 사랑한다는 것을 깨달았습니다.

그러나 막상 집에 돌아가 보니 아이를 키우며 집안일을 하는 것이 이다지도 힘들 줄은 몰랐습니다. 그것도 아기의 상태를 지켜보며 '모유는 부족하지 않은가' '낮잠을 너무 재우나' 하는 걱정까지 하자니 몸도 마음도 여유가 없었습니다. 저희 집은 무척 추워서 온도 관리에도 신경이 쓰였고, 왼손은 건초염으로 아픈데 밥을 천천히 먹을 수도 없어서 주먹밥이나 바나나를 손에 들고 먹었습니다. 목욕은 아기가 자는 동안에 재빨리 끝낸 뒤 마무리도 대충 하게 되고, 전날 밤에 다음 날 입을 옷을 미리 준비해두는 새로운 습관도 생겼습니다.

지금까지 '간소하게 살고 싶다'는 것을 신조로 삼아왔는데 출산 후 그 생각은 한층 더 강해졌습니다. 모든 것에 시간이 부족한 가운데 살림이 너무 많아서 작업이 복잡해지는 것은 피하고 싶었습니다. 가령, 저도 아기도 가급적 최소한의 옷만 가지고 번갈아 입고, 집안일은 미루지 않고 세탁이나 청소 등 해야 할 일이 생기면 그 자리에서 바로 처리했습니다. 어떤 일이든 선택사항을 줄이고 보다 단순한 구조를 만들고 싶었습니다.

육아와 제품 선택

〈0~3개월〉

나의 물건 선택의 기본은
'쉽게 집에 들이지 않는다'는 것.
아기용품도 마찬가지입니다.
한편, 예상치 못한 아이템이 요긴하게 쓰이기도.
물건은 엄격하게 고르지만
정말 유용한 아이템은 놓치고 싶지 않습니다!

'아이가 태어나면 물건이 는다'는 말은 귀에 못이 박이도록 듣는 말입니다. 실제로 정리 수납을 해주러 방문했던 집에 아이가 있으면 단순히 한 사람의 분량이 늘어난 것이 아니라 아이가 '현재 쓰는 물건' '다음에 쓸 물건' '소임을 다한 물건'으로 관리해야 할 필요가 있는 것을 눈앞에서 지켜보았습니다.

방심하는 사이 어느새 물건은 넘치게 됩니다. 처음이 중요해서 '쉽게 집에 들이지 않는다!'는 자세로 스스로에게 끊임없이 충고했습니다. 출산 전에 준비했던 아기용품은 퇴원 당일부터 쓰이는 최소한의 것들. 입힐 옷이 충분치 않아 인터넷으로 주문했는데 금방 물건이 도착하는 걸 보니 참으로 감사한 세상입니다.

한편, 필요하리라 생각지도 못했던 물건이 유용하게 쓰이는 경우도 있었습니다. 그중에서도 아기띠 브랜드 **에르고***의 '신생아용 인서트'는 처음에는 살 계획이 없었던 물건. 아기가 생후 1개월이 되었을 때, "목을 가누지 못해도 양손을 놓고 안을 수 있어서 집안일도 할 수 있다"는 지인의 얘기를 들었습니다. 아기를 재워도 금방 울어서 집안일을 할 수가 없는 것이 가장 힘든 때였습니다. 때마침 남편도 직장 상사로부터 "정말 요긴하게 사용하고 있다"는 얘기를 들어서 구입을 결심했습니다. 사용해 보니 집안일을 할 수 있을 뿐 아니라 바깥에 물건을 사러 나갈 수도 있었습니다. 목을 가누려면 두세 달이 지나야 하니 정말 쓸모 있는 물건인 셈이었습니다.

육아용품의 경우 사용할 기간이 짧아도 그동안에 아주 요긴하게 쓰인다면 사기로 했습니다. 그리고 사용하면서 애착이 느껴지는 외양과 좋은 감촉의 제품을 고르고 싶다는 마음이 간절했습니다.

남편의 본가에는 예전부터 짐볼이 있었습니다. 아무 생각 없이 아기를 안은 채 앉아서 가볍게 퉁기자 아기가 쌔근쌔근 자는 것이었습니다.

이제껏 아기 재우기는 정말 고역이었습니다. 좌우로 흔들어주는 것을 좋아하는 아기를 위해 가족이 교대로 안고서 운동을 하는 셈이었습니다. 어른들은 지쳐갔습니다.

짐볼의 공헌도는 상당히 높아서 집으로 돌아오자마자 구입했습니다. 좁은 집이어서 존재감이 안 느껴지는 투명한 볼을 골랐는데, 구입해서부터 일 년 후인 지금까지 아주 잘 쓰고 있습니다. 편안한 잠재우기, 근력운동, 의자 대용이라는 다양한 형태로 한몫을 단단히 하고 있습니다.

의외로
요긴하게!

짐
볼

짐볼 65cm
(짐닉 (GYMNIC))

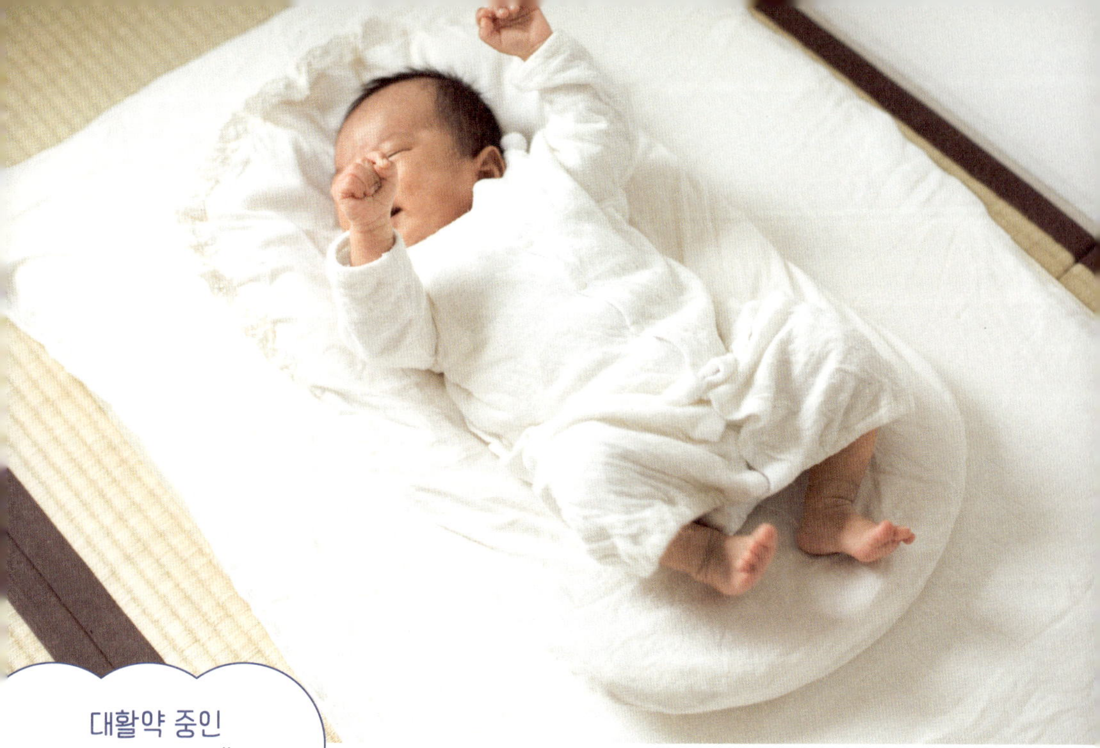

대활약 중인
두 가지 아이템!

토폰치노

임신 중 아기의 이부자리를 알아보다가 눈에 들어온 것이 토폰치노. 들어본 적도 없는 아이템이지만 신생아도 안심하고 안을 수 있고 누이기도 쉬운, 다양한 경우에 이용할 수 있는 제품이어서 구입을 결심했습니다.

말하자면 아기만한 작은 이불이지만, 눕힌 채로 안으면 아기의 등 전체를 감싸 안아서 안정적이고 엄마와 아기가 다 편안합니다. 그대로 아기를 건네줄 수도 있고 바운서로 옮길 때도 토폰치노 채로 가볍게. 안고 수유를 할 때도 위치를 조정하기 쉬워서 편리합니다.

안아서 재우다가 아기를 내려놓으면 등 뒤에 스위치라도 있는지 금방 울어버리곤 했는데, 토폰치노는 등 부분의 체온을 그대로 유지시켜 아기가 울 확률이 낮아지는 것이 그저 감사할 따름입니다.

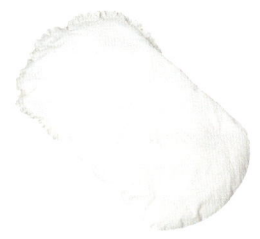

토폰치노
몬테소리 교육에서 만든 아기의 환경에 최적화된 작은 이불.
(**나의 토폰치노**
http://www.topponcino.com)

바운서

생각지도 않게 지인으로부터 물려받은 바운서. 원래 구입할 계획은 없었는데 이것이 이토록 요긴할 줄이야!

신생아 때부터 태웠는데 흔들흔들하면 아기가 매우 좋아했습니다. 접을 수 있는 것이라 본가에도 가지고 갔었는데, "이렇게 좋은 것도 있구나!"라고 시어머니도 감탄하셨습니다.

뒤집기를 시작하는 5개월까지 하루 종일 깨어있는 대부분의 시간을 바운서에서 보냈습니다. 시선이 높아서 어른과 마주할 수 있으니 지루해하지 않는 것 같았습니다. 친구가 "출산 선물로 뭐가 좋아?"라고 물었을 때 바운서에 붙이는 장난감을 부탁했습니다. 아기가 점점 크면서 장난감을 돌리면서 놀고 그동안 집안일을 할 수 있어서 매우 유용했습니다.

9개월이 지나자 바운서에 앉아 자기 전에 먹는 이유기 우유를 자기 손으로 쥐고 먹었습니다. 한 살이 되기까지 매우 유용한 아이템이었습니다.

바운서
목을 가누기 전인 1개월(3.5kg) 부터 사용할 수 있습니다. 스웨덴의 베이비븐(Babybjorn)* 제품.

도움이 되었습니다! 출산 축하선물들

'물건을 까다롭게 고른다' '되도록 집에 물건을 들이지 않는다'는 나의 신조를 잘 아는 친구들은 모두가 한결같이 "뭐가 좋은지 잘 모르겠으니 출산 축하선물로 원하는 것이 있으면 말해줘!"라고 말했습니다. 나는 그들에게 고마워하며 필요한 것이나 또는 만약 있다면 편리하겠지만 내가 사기에 망설일 만한 물건을 부탁했습니다.

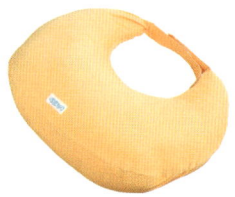

수유용 쿠션
친구가 실제로 써본 결과 좋았다고 한 것. 매회 수유하기 정말 편했습니다. (도코짱베루토의 아오바*)

바운서용 장난감
빙글빙글 돌아가는 색깔도 예뻐서 아기에게 우유나 이유식을 먹일 때 편리했습니다. (베이비본*)

목욕용 튜브
5개월부터 사용하기 시작했습니다. 이것을 끼우면 아기를 욕조에 두고 엄마도 씻을 수 있습니다(물론 아기는 계속 지켜보아야 합니다). (스위마바 (Swimava)*)

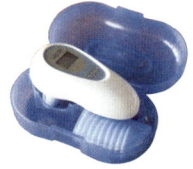

아기용 체온계
귀에 대기만 하면 측정 가능. 수치가 다를 때는 몇 번이고 좌우의 귀에 대고 확인할 수 있습니다. (오므론(OMRON)*)

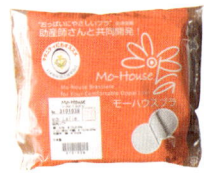

수유용 브라
임신 때부터 애용하던 수유용 브라(p.14)로 여벌이 필요해서 검은색을 부탁했습니다. (MO-HOUSE*)

선배 엄마·아빠가 골라준 아이템

'실제로 써보니 좋았다'면서 주신 물건은 실용적이어서 매우 유용했습니다!

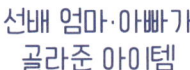

담요
촉감이 좋은 담요는 낮잠을 잘 때나 자동차, 유모차 등의 여러 곳에서 아기를 감싸줍니다. 주로 사용하는 장소에 놓아두면 편리합니다. (Barefoot dreams*)

모자가 달린 목욕타월
모자를 머리에 씌우면 몸을 간편하게 닦을 수 있습니다. 입은 모습도 귀여워서 목욕이 즐거워집니다. (Familiar*)

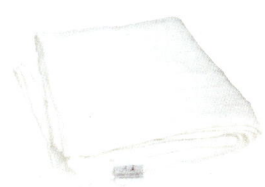

속싸개
'아기는 새하얀 것으로 감싸고 싶다'는 생각에 무늬가 없는 흰색을 찾아서 구입했습니다. 촉감이 좋고 세탁을 할수록 부드러워졌습니다. 속싸개, 수건, 햇빛가리개로 쓰이는 만능 아이템이어서 친구들의 출산 선물로도 애용하고 있습니다. (아덴아나이스(aden+anais)*)

디지털 온습도계
온돌이 완비되어 따뜻했던 본가에서 집으로 돌아오니 건축한 지 50년 된 철근 주택이 전해주는 추위가 우리를 맞이했습니다. 아기가 춥지 않도록 잘 때는 머리맡에, 목욕을 할 때는 옷을 벗어둔 곳으로 가지고 다니며 온도를 관리했습니다. (무인양품)

아이를 낳고 보니 필요해서 사게 되는 것들이 계속 생겼습니다. 최소한의 준비로 양을 줄여 공간을 확보해 둔 것은 정말 잘한 일이었습니다.

아기띠
헌 슬링(유아를 안거나 업을 때 한쪽 어깨에 걸쳐 사용하는 포대기)으로 아기띠의 편리함을 알았지만 슬링은 양손을 자유롭게 쓰지 못해서 꺼리게 되었습니다. 양손을 쓸 수 있는 아기띠와 신생아 인서트로 해결했습니다. (에르고*)

신생아용 아기옷
출산 후에 인터넷으로 산 3장의 옷. 더러워지면 바로 세탁해서 말려 입혀서 신생아기에는 3~4장으로 충분했습니다. 토하는 일이 없어서 하루에 몇 번씩 갈아입힐 필요가 없는 덕분이기도 했습니다. (①③⑤PRISTINE* ②people Tree ④fog linen work* ⑥F/style* ⑦smartwool*)

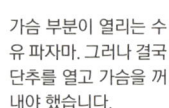

아기
돌보기

ㅣ. 모유 수유

출산을 했던 병원은 모유 수유에 적극적이지 않
아서 젖 물리는 방법 등을 시누이에게 배웠습니
다. 처음에는 잘 나오지도 않아서 아기가 답답해
하며 짜증을 내더니 젖을 빨려고 들지 않았습니
다. 분유를 조금 먹여서 진정을 시킨 뒤에 어머니
가 시킨 대로 10분에 한 번씩 먹여 보았습니다.

　나오지 않거나 너무 물려서 아픈 상태로 아기
는 잠들어 버리는 엉망인 상황인데 유두에 하얀
덩어리가 생겼습니다. 어쨌든 자주 물려보니 2개
월 정도 되어서 겨우 요령 있게 젖을 빨 수 있었
습니다.

젖이 아직 안정되지 않
고 과도하게 부풀 때는
유축기로 짜서 젖병에
모아 수유합니다. 사용
횟수를 생각하면 수동
도 괜찮았을지도 모르
겠다는 생각이 듭니다.
(메델라(Medela)*)

가슴 부분이 열리는 수
유 파자마. 그러나 결국
단추를 열고 가슴을 꺼
내야 했습니다.

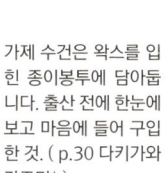

2.기저귀 갈기

천기저귀에 관심이 있었지만 출산 직후에는 여유가 없어서 종이기저귀를 썼습니다. 변도 물러서 '이걸 천기저귀로 받아서 빨려면…'이라는 주눅도 들었습니다.

하지만 신생아 시기에는 밤낮없이 대소변을 조금씩 봐서 하루에 족히 10장은 써야 했고, 기저귀를 떼기까지 이 한 명의 아기가 어느 정도의 쓰레기를 내는지를 생각하니 약간의 저항감이 일었습니다. 또한 잦은 대소변으로 생후 2개월이 되는 시점에는 기저귀 발진마저. 피부에 좋은 천기저귀를 다시금 떠올리기 시작했습니다.

기저귀 세트로 솜과 물통, 가제 수건을 상비. 대변을 보면 물통에 따뜻한 물을 받아서 샤워하듯이 엉덩이에 직접 물을 뿌리고 솜으로 닦은 후 가제 수건으로 물기를 닦아냅니다.

가제 수건은 왁스를 입힌 종이봉투에 담아둡니다. 출산 전에 한눈에 보고 마음에 들어 구입한 것. (p.30 다키가와 카즈미*)

고민되는 아기띠 선택

디테일에 약한 저는
기능이 다양하고 선택 항목이 너무 많으면
결정하는 데 어려움을 느낍니다.
예를 들면, 아기띠가 그렇습니다!

옛날 엄마들은 끈 하나로 아기를 업었지만 현대의 엄마들에게는 매우 다양한 종류의 아기띠가 있습니다. 어깨에 부담이 적은 것, 앞으로 해서 안을 수 있는 것, 작게 접을 수 있는 것, 비싼 것, 싼 것…. 물건은 좋아졌지만 오히려 이런 다양한 기능 때문에 그만 갑자기 멀리하고 싶어집니다. 물건은 간결해야 쓰는 사람이 사용법을 이모저모로 시도해보며 열중할 수 있습니다.

그래서 그다지 비교할 것도 없이 대부분의 친구가 사용하며 높이 평가한 **에르고***를 선택했습니다. 이제껏 **에르고**를 쓰는 사람들을 본 결과 짙은 색은 쉽게 바랠 것 같아서 베이지로 정했습니다. 저의 옷과 어울리는 색이라는 점도 한몫했습니다.

실제로 사용해 보니 두꺼운 벨트 덕분에 장시간 안고 있어도 부담이 적었습니다. 해외 브랜드여서 그런지 큰 체구의 남편도 매기 쉬워서 아주 잘 사용했습니다(교대할 때마다 벨트를 4군데 조절해야 했지만…). 최근에는 친정어머니도 아기띠로 안고서 산책하러 나가십니다. 평소에는 차로 다니는 어머니지만 손자와 다닐 때는 일부러 걸어 다니시다니! 놀랄 따름입니다.

주변 사람들의 아기띠 참고하기

저희 아기는 태어날 때도 컸고 지금도 큰 편이어서 **에르고**가 딱 맞았지만 작은 체구의 아기라면 다리 부분이 너무 커서 조금 더 클 때까지 엉덩이를 받쳐서 조금 뜨게 하지 않으면 불편하다고들 합니다. 작은 여자아이의 엄마들 중에는 napnap*의 아기띠가 딱 좋았다고 하는 사람도 있었습니다(p.75의 아사노 씨). napnap은 일본인이 고안한 것이어서 키가 작거나 마른 체형의 엄마들에게도 잘 맞는다고 합니다.

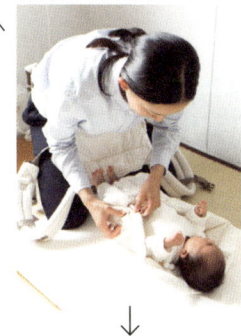

자아! 안아볼까!

① 인서트 위에 아기를 누인 뒤 벨트를 고정합니다. 아기띠 본체의 허리 벨트를 미리 엄마의 허리에 장착해둡니다.

↓

아기띠의 수납은?

벨트가 두껍고 길어서 의외로 부피가 큰 **에르고**는 걸어두는 것이 바로 쓰기 쉽고 정리하기도 쉽습니다. 문틀 윗부분에 붙여둔 후크에 양쪽 어깨 부분 벨트를 걸어둡니다. 인서트도 옆 후크에 집게로 집어 나란히 걸어둡니다.

② 아기의 머리를 받치고 인서트 채로 세워 안습니다.

↓

영차!

③ 아기를 덮듯이 아기띠의 본체를 씌웁니다.

↓

④ 위치를 조정해 등 위로 어깨 벨트를 고정하면 완성.

됐다!

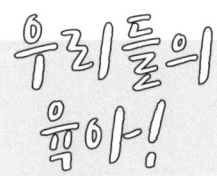

Q13 잘 활용했던 아기용품 베스트 3는?
(활용 시기가 길었던 것, 짧았던 것, 모두 OK)

※ ( ) 안 … 설문지 작성 시 자녀 연령

E·K 씨 (11개월)
① 베이비짐 (보기만 하다가 만지고 잡는 성장 과정을 보며 즐거
  웠습니다.)
② D BY DADWAY*의 '오쿠루미 가제 스톨'(속싸개) (크고 얇아서
  사용하기 쉽습니다. 방한용으로 제가 둘러도 예뻤습니다).
③ 절에서 받은 '덴덴다이고(끈 달린 작은 북)' (소리가 나면 좋아해서
  흔들어서 소리를 들려줬습니다. 끈과 작은 구슬이
  흔들리는 모습도 좋아했습니다.)

K·Y 씨 (1세 3개월)
① **6WAY 체육관 변신 메리*** (6개월 정도까지 아기가 울면 멈추
  게 하려고 사용했습니다. 재우는데 필수!로 아주 유용했습니다.)
② D BY DADWAY*의 담요 (낮잠 잘 때 덮어주었습니다. 가을/겨울
  외출 시에 방한용으로 잘 사용했습니다.)
③ **카토지**(KATOJI)*의 바운서 (엄마가 밥을 먹을 때나 음식을 만들
  때처럼 조금 기다리게 할 때 요긴하게 썼습니다.)

M·S 씨 (10개월)
① **콤비**(combi)*의 '물티슈 워머' (겨울에 태어나서 3개월까지
  하루에 10번씩 변을 봐서 따뜻한 물티슈가 필요했습니다.)
② **리첼**(Richell)*의 '차갑지 않은 목욕매트'
③ 한국식 이불 (기어 다니기 전, 낮 동안에 아기가 있는 곳에
  깔았습니다. 지금은 낮잠 이불로 거실에 두었습니다.)

A·K 씨 (2개월)
① **바바슬링**(Baba Slings)*
② 구토 방지 베개
③ 유아용 핀셋

C·T 씨 (4개월)

① **베이비뵨***의 바운서 (낮 시간에 아기가 지내는 곳으로.)
② **보바랩**(Boba Wrap)*의 아기띠 (아기 재우는 데 도움이
  되었습니다. 월령이 어릴 때 좋습니다!)
③ **스토케**(STOKKE)*의 아기 욕조 (크기도 크고 디자인도 멋
  집니다. 욕조인데도 접어서 보관할 수 있습니다.)

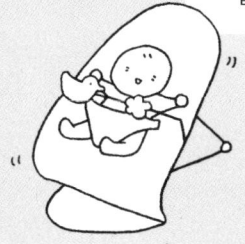

F·K 씨 (1세)

① 수유 쿠션 (최근까지 이것이 없었으면 수유를 할 수 없었다고
  해도 과언이 아닙니다! 아이가 커서 더욱 감사한 마음.)
② 물티슈 워머 (스팀 효과로 대변을 닦기 쉬웠습니다.)
③ 유모차 (아기가 무거워서 요통과 어깨 저림이 생겼고 유방염
  에도 걸렸습니다. 되도록 유모차로 이동하는 중입니다.)

C·M 씨 (5개월)

① **리첼***의 이유식 시작 식기세트 (뚜껑을 덮고 쟁반에 놓은
  채 전자레인지에 데울 수 있습니다. 이유식 준비는 힘든
  작업이므로 조금이라도 편하게 만들고 싶은 마음에.)
② **콤비***의 이유식 조리세트 (간편하게 정리되고 아무 때고
  편하게 쓸 수 있습니다.)
③ 목욕용 튜브 (엄마가 몸을 씻을 때, 잠깐이나마 아기를
  욕조에 둘 수 있습니다.)

S·N 씨 (9개월)

① **에르고*** 아기띠
② **베네세**(Benesse)*의 '애프터눈티' 여름용 케이프
  (아기띠에 부착해서도, 수유케이프로도 쓸 수 있는 타입.)
③ 'sleeping baby'라는 오르골 음원

육아와 살림

〈0~3개월〉

집에 있는 시간이 긴 요즘,
가사의 흐름을 원활하게 만들어
집을 보다 편안하게 느끼고 싶었습니다.
출산 전보다 청소도
꼼꼼하게 챙기게 되었습니다.
아기를 위해서뿐만 아니라
내가 집에서 편히 지낼 수 있도록.

가족이 늘면 밥을 하는 것도, 청소도, 세탁물도, 모든 집안일이 늘어납니다. 그 가족이 아기인 경우에는 어른이 사용하는 물건이나 장소와 다르기 때문에 수고는 더욱 늘어나는 한편, 육아에 시간을 빼앗겨 집안일에 쓸 시간은 대폭 줄어듭니다. 따라서 한정된 시간 안에 얼마나 효율적으로 일을 처리하는가가 가장 중요한 포인트가 됩니다.

주의해야 할 것은 집안일을 미루지 말고 조금씩이라도 해서 남겨두지 않는 것. 컵이나 그릇 등, 여러 개를 사용하는 것들은 그때마다 씻어서 싱크대를 항상 비워둡니다. 마치 다음 식사에 대비해 식기를 쟁반에 준비해두는 것처럼. 중요한 것은 다음 일로 자연스레 옮겨갈 수 있도록 한다는 것입니다. 이러한 '집안일은 틈틈이'와 '집안일 저금'의 습관을 통해 자질구레한 집안일을 처리하며 하루하루를 극복하는 있는 중입니다(자세한 설명은 다음 페이지에…). 하지만 예측과 조절이 불가능한 아기를 돌보면서 하는 일이라 뜻대로 되지 않는 것도 많을 수밖에 없습니다. 그럴 때는 그만 짜증이 나고 맙니다. 그러므로 남편과 집안일을 분담하는 것은 반드시 필요한 일입니다! 결혼한 직후에는 아무것도 하지 못했던 남편에게 조금씩 설거지나 빨래 널기를 가르쳤던 것이 커다란 도움이 되었습니다. 앞으로도 그가 더욱 많은 역할을 하길 바라는 마음입니다.

출산 후의 청소 상황

임신 중에 침실을 '아무것도 없는' 공간으로 만들어두어서 다행이라고 생각했습니다. 바닥에 아무것도 없는 방은 청소기를 사용하기 쉽고 공간을 넓게 쓸 수 있습니다. 덕분에 아침 청소를 매우 효율적으로 할 수 있었고 간단하게 매일의 습관으로 자리 잡았습니다.

이불을 개고 아기를 거실에 있는 바운서에 태운 뒤, 재빨리 침실을 청소합니다.

침실

거실

밑에 깐 것은 요가매트. 바운서의 다리가 다다미 바닥을 찍지 않도록 한 것인데 바닥에 깔아두면 스트레칭을 하기도 쉽습니다.

침실

결로 현상이 있어서 창과 창틀 바닥, 벽을 닦습니다.

거실

아기를 태운 바운서와 기저귀 세트를 함께 침실로 옮기고 짐볼과 비즈 쿠션을 소파에 올려둔 뒤 거실의 먼지를 제거하거나 바닥을 청소기로 쓱싹.

집안일은 틈틈이

화장실도 사용했을 때 바로 이곳
저곳을 닦아둡니다.

아기와 함께하는 하루를 자세히 살펴보면 '집안일을 할
시간이 없다'기보다 '온전한 시간을 낼 수가 없다'는 것
이 맞을 것입니다. 그렇다면 집안일이 쌓이기 전에 하
나씩 나누어 하는 것이 상책. 아기를 늘 신경 쓰며 일해
야 하므로 조금씩 하는 것이 마음의 부담도 덜합니다.

예전에는 설거지의 횟수를 줄이기 위해 어느 정도 모
아서 그릇을 썼었습니다. 지금은 썼어야 할 것이 나오자
마자 몇 개라도 그 자리에서 바로 썼어 둡니다. 그러면
음식을 만들거나 싱크대에서 아기 목욕을 씻기기도 편
하고 다음 일을 하는 시간도 줄어듭니다.

저금 ① 접어서 말린다

젖었을 때 접기 쉬운 가제 수건은 가벼운 것이
므로 접은 상태로 말립니다. 그렇게 해도 금방
말라서 바로 걷어 쓸 수 있습니다. 처음에는
접지 않고 넣어두려다가 입을 닦을 때 접어서
닦는 것이 편하다는 것을 알았습니다.

저금 ② 그릇에 담아 냉장고에

출산 후 몇 개월 동안은 어머니가 주 2회 반
찬을 만들어 오셨습니다. 곧장 그릇에 담아
냉장고에. 전자레인지에 돌리면 즉시 먹을
수 있도록 해두었습니다.

집안일 저금

빈 시간에 앞일을 생각해서 미리 약간의 작업을 해둡니
다. 집안일을 작게 나누어 조금 앞당겨 하는 기분으로 준
비해두면 전체가 원활하게 돌아가는 것을 실감할 수 있
습니다. 정말 시간이 없을 때 이런 약간의 준비라도 해
두면 큰 도움이 되므로 자신에게 저절로 감사하는 마음
이 생길 것입니다.

출산 전에도 밑반찬을 만들어두는 등 '집안일 저금'을
위해 노력을 했지만, 육아로 여유가 없다 보니 "조금 뒤
의 나에게 더욱 자상하게"를 신조로 삼게 되었습니다.

저금 ③ 법랑에 만들어 두기

된장국을 만들어 법랑에 조금씩 나눠두면
그대로 데워 금방 먹을 수 있습니다. 데워
먹는 국 종류는 법랑에 보관.

저금 ④ 주먹밥 상비

밤에 수유 때문에 자주 깨다 보면 아침에 정해진 시간에 일어
나기 힘들 때가 많습니다. 남편의 아침식사로 자기 전에 주
먹밥을 만들어 놓으면서 제 것도 같이 만들어두면 수유를 하
면서 한 손으로 먹을 수 있어 편리합니다.

집안일의 적당한 일상화

어떤 일을 하는 김에 치우는 정도의 청소는 괜찮지만 집안일이 '반복되는 일상'으로 고정되어 버리면 마음이 조금 무거워집니다.

　모든 집안일을 일상적으로 하는 것이 아니라 상황이나 기분에 따라 자유롭게 하는 편안함을 갖고 싶었습니다. 때문에 반복적으로 늘 하는 일상은 다음 날 아침을 위한 준비 작업과 아침 청소 정도로 줄였습니다. 그리고 제가 아기를 재우거나 수유를 할 때는 남편이 도와주기로 했습니다.

일상적인 저녁의 집안일 ①

밤에 세탁기를 돌려서 베란다에 널어둡니다. 겨울철에는 습도 유지를 위해 실내에. 아침 집안일을 한 가지 덜 수 있습니다.

일상적인 저녁의 집안일 ②

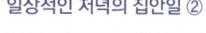

자기 전에 싱크대에 아무것도 남기지 않도록 합니다. 배수구도 깨끗하게. 다음 날 아침 기분 좋게 하루를 시작할 수 있습니다.

일상적인 저녁의 집안일 ③

다음 날 내놓을 쓰레기를 밤에 현관에 모아둡니다. 아침에 허겁지겁 모으지 않아도 되고 잊어버리는 일 없이 남편이 가지고 나가게 됩니다.

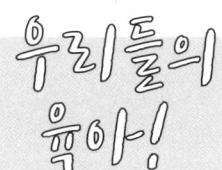

Q14 육아 중의 집안일 연구
(틈나는 대로, 또는 단시간에 끝낼 수 있는 것이 있으면 가르쳐 주세요.)

아침에 시간 여유가 있어서 빨래와 요리를 끝내고, 외출할 때 로봇청소기와 식기세척기를 돌립니다. 사용할 수 있는 가전제품은 망설임 없이 사용합니다. (E·K 씨)

아기가 깨어있을 때는 무리를 하지 않을 정도의 집안일만 합니다.
남편이 쉬는 날 하는 일, 날씨가 좋을 때 하는 일 등 하루 단위가 아니라 일주일 단위로 집안일을 하기로 했습니다.
아기가 기어 다니기 시작하면서 같이 기어 다니며 바닥을 닦는 등, 되도록 놀면서 할 수 있는 방법을 고안했습니다.
채소는 잘라서 냉동실에 넣어두고 밑반찬도 냉동해 두었습니다.
(다카나시 씨)

아기를 업고 할 수 있는 집안일은 예전과 같이 하고, 집중해야 하는 업무는 아기가 잘 때 했습니다. 자리에서 일어서면 뭔가 일을 하나라도 했습니다(빨래를 넌다든지). (C·M 씨)

식기세척기를 풀가동. 빨래는 남편이 밤에(기계와 남편에게 의지함). (A·K 씨)

외출할 때 로봇청소기를 켜두었습니다. 음식은 반조리 제품을 이용했는데 볶기만 하면 먹을 수 있는 것이 많아서 매우 편리했습니다. 무선청소기로 생각날 때마다 조금씩 청소했습니다(제대로 하는 것은 주 1회). (S·N 씨)

제가 주방에만 들어가면 우는 통에 아기가 깨어있을 때는 아기와 보내는 시간이라고 여기고 주방일은 하지 않았습니다(어쩔 수 없을 때는 업고서). 어른들을 위한 저녁식사 준비와 방을 치우는 것은 아기를 재운 뒤(19시 이후)에 했습니다. 창문 닦기, 빨래 널기, 빨래 개기는 아기에게 재미난 듯 보여주며 했습니다. (M·S 씨)

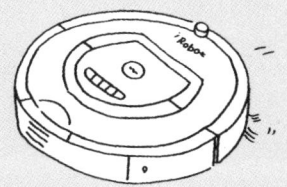

육아와 수납
〈0~3개월〉

아기와 생활하면서
어디에 무엇이 있으면
편리할까 연구합니다.
수납은 일상의 관찰, 실행,
개선과 시행착오의 실험입니다.

물건을 '어디에 수납할까'를 고민할 때는 일상을 관찰해서 '어디에서 자주 사용하는가'를 아는 일부터 시작합니다. 아기가 태어나기 전에 관찰 작업은 불가능하므로 자잘한 수납은 출산 후에 생각하기로 했습니다.

많은 시간을 보내는 소파 옆에 나무상자를 두고 선반으로 썼습니다. 아이의 모습을 재빨리 찍을 수 있도록 이곳에 비디오카메라를.

　실제로 아기가 태어나 보니 아기의 몸단장 용품은 필요할 때 금방 손이 닿을 수 있는 곳, 또 가능하다면 한 손으로 잡을 수 있는 장소에 두는 것이 중요하다는 것을 알았습니다. 예를 들면, 아기를 안은 채로 입 닦을 가제 수건을 꺼낸다든지, 수유 중에 손톱깎이를 찾는 경우입니다. 아직 수유 횟수가 잦은 어린 아기와의 생활 중에는 가볍게 움직일 수 없는 상황이 많은 법!

　그리고 또 다른 수납의 기본은 '가족들도 알기 쉽도록' 물건을 보관해야 한다는 것입니다. 집안일도 육아도 남편의 협조가 필요한 상황에서 필요한 것이 어디에 있는지 남편이 알지 못하면 원활하게 도와줄 수가 없습니다. 알기 쉽게 하는 비결은 '몸단장 관련' '기저귀 관련' 등으로 연관 지어 물건을 되도록 모아두는 것입니다. 그리고 한눈에 보고 알 수 있도록 라벨링을 해둡니다.

　또한 짧은 시간에 효율적으로 집안일을 해야 하기 때문에 청소하기 쉬운 방으로 만들어 두는 것도 중요합니다. 먼지를 싹 치울 수 있도록 바닥과 선반 위에는 최소한의 물건만 둡니다.

바셀린, 바르는 약　위생솜

면봉

가제 수건

유아용 손톱깎이, 헤어브러시　　어른용 손톱깎이

꺼내기
쉬운 장소에
둡니다!

몸단장 용품

아기와 많은 시간을 보내는 소파 테이블 아래에 몸단장 용품을 모아둡니다. 필요한 순간, 한 손으로 쓱 꺼낼 수 있어서 편리합니다.

장난감 수납

예전부터 애용했던 F/style*의 수납 아이템. 세탁물을 넣어두던 것을 이제는 장난감 보관용으로 사용합니다. 컬러풀한 물건을 넣어도 심플한 디자인의 바구니가 중화를 시켜줘 방 분위기와 어우러집니다. 헝겊이어서 아기가 부딪혀도 안심. 아무렇게나 담을 수 있어서 편리합니다.

기저귀 수납

가제 수건을 담아두려고 구입했던 '왁스를 입힌 종이봉투'가 매우 편리했던 기억이 나서 출산 후에 종이기저귀 한 박스를 수납하기 위해 큰 것을 샀습니다. 박스째로 두기보다 보기도 좋고 꺼내기도 쉽습니다. 테두리에 클립으로 비닐을 매달아 다 쓰고 난 기저귀를 모아둡니다. (p.30, 53)

65

라벨링으로 가족 모두가 알기 쉽게

선반 위의 골판지 서랍. 위는 '문구', 아래는 '모자수첩'이라고 라벨링을.

거실 옆 벽장에 보관한 아기옷 서랍에 라벨링을 해서 알기 쉽게.

냉장고 옆에 자석 후크를 매달아 다 쓴 가제 수건을 담았습니다. 가제 수건을 주로 사용하는 거실에서 가까운 위치이고 세탁기로 가는 동선 상에 있기도 합니다.

거실 파일 박스에 아기 관련 서류나 책자를 모아서 정리. 페이지 끝에 라벨링을 해서 찾기 쉽게 만들었습니다.

되도록 물건을 늘리고 싶지 않아서 모자수첩 케이스는 필요 없을 거라 생각하고 구입하지 않았었습니다. 하지만 출산 후 아기에게는 보험증, 자녀의료수급자격증, 각 병원의 진찰권, 복용약 수첩 등 자잘한 서류와 카드가 많았습니다. 이것들을 정리해두지 않으면 잃어버릴 염려가 있었습니다. 게다가 아기를 안고 있다가 꺼내려면 하나로 정리해두어야만 했습니다.

괜찮은 케이스를 발견하면 사려고 했는데 **무인양품**에서 여권용 케이스가 한눈에 들어왔습니다. 크기도 모자수첩에 알맞고 카드 주머니도 망으로 되어 있어 내용물을 확인할 수 있습니다. 그리고 모자수첩 케이스로 보이지 않을 만큼 심플한 디자인에다 얇아서 수납공간도 많이 차지하지 않았습니다.

물건이란 단순하면서 다용도로 쓰이며 실용적이어야 한다고 새삼 느꼈습니다.

생후 1개월의 하루 일정표

수유 중에는 자꾸 갈증이 나서 물을 마시기 쉽도록 차를 1리터가량 끓여 포트에 준비해둡니다.

용기에 담아 냉장고에 넣어 둔 반찬(→p.61)을 전자레인지에 데우기만 해서 5분이면 준비 끝. 어머니께 감사함을 느끼는 순간.

	am											
	1	2	3	4	5	6	7	8	9	10	11	12
생활							기상	방청소(20분)·차 끓이기·아침식사	옷 갈아입기	아기 띠로 안아주기		낮잠	점심식사
수유	🔴				🔴			🔴		🔴		🔴	
기저귀	🔵				🔵		🔵					🔵	🔵
잠자기												

아기는 위아래로 하는 운동을 매우 좋아합니다. 안은 채로 스쿼트를 → 운동도 되니 일석이조.

요즘 외출할 때 가지고 다니는 물건들. 출산 전부터 애용하던 토트백을 그대로 사용 중입니다. 안은 주머니와 파우치로 나누어서 꺼내기 편하게.

저녁을 먹고 남은 밥으로 주먹밥을 만들어 랩을 씌워둡니다. 다음 날 아침 바로 먹을 수 있으니 안심.

pm

1	2	3	4	5	6	7	8	9	10	11	12

컴퓨터(업무·잡무)

슈퍼에서 장보기

세탁물 정리

차 끓이기

저녁식사 준비

저녁식사

엄마→아빠와 아이 목욕

세탁(2회)

내일 아침식사 준비

취침

아기가 자는 동안 서둘러 목욕을. 씻고 옷을 입고 화장품을 바르고 머리를 말리고 이를 닦는… 일련의 몸단장을 매일 재빠르게 끝냅니다. 엄마는 출산 후 얼마간은 자신의 일은 뒷전이라고 들었지만 이런 것이구나 하고 실감했습니다.

스마트폰 앱 '수유시계'를 사용했습니다. 큰 도움이 된 파트너였습니다.

69

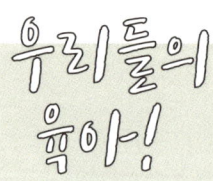

우리들의
육아!

Q15 축하선물로 추천하고 싶은 것은?

기조안(亀城庵)*의 우동세트, **토라야**(TORAYA)*의 단팥 페이스트. (C·T 씨)

먼 친척에게 출생 시 체중만큼의 쌀과 함께 사진과 편지를 보냈습니다. (E·K 씨)

요쿠모쿠(yoku moku)의 과자, **카야노야**(茅乃舍)*의 다시팩(국물내기용), 반찬, **록시땅** 세트 등, 사람에 따라 반응이 달랐습니다. 친정에 가 있을 때 근처에 백화점이 없어서 **미쓰코시이세탄 X 아카스구*** 인터넷몰을 활용했습니다. 카드도 이용할 수 있어서 편리. (F·K 씨)

친구 : **앙리 샤르팡티에**(Henri Charpentier)*의 과자. **캐스 키드슨**(Cath Kidston)*의 홍차 세트 등.
친척 : **이마한**(今半)의 소고기 조림세트 등. (S·N 씨)

로미유니 컨피처(Romi-Unie Confiture)*의 BeBe 캔 세트(태그 붙은 것) → 로미유니의 상품, 제가 받고서 기뻤던 기억에 인터넷을 찾아보니 축하선물세트가 출시되어 있었습니다. 태그에 아이 이름을 써서 보내면 좋습니다. 특히 귀여운 것을 좋아하는 사람에게. (혼다 사오리)

카야노야* 드레싱 세트 → 큰 아이가 있는 사람, 가족이 많은 사람에게 좋습니다. "맛있다"는 호평. (혼다 사오리)

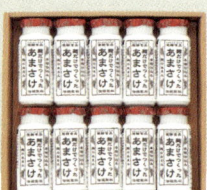

해러즈(Harrods)*의 홍차 세트, **카렐차펙**(karel capek)의 홍차 세트, **미나 페르호넨**(mina perhonen)*의 미니 토트백과 보자기. (다카나시 씨)

센넨코우지야(sennen-koujiya)*의 식혜 미니 세트 → 맛이 좋아서 저도 자주 마셨습니다. 여름에 더위를 먹지 않기 위해 사람들이 초여름(7월)에 선물을 합니다. 건강을 염려하는 사람도 매우 기뻐하며 받았습니다. (혼다 사오리)

Q16 목욕, 특히 아기와의 입욕은 어떻게 하나?

욕조 밖에서 하는 방식 (욕조를 사용하지 않고 매트 위에 아기를 올려놓고 샤워기로 직접 씻기는 방법. 병원에서 추천해주었습니다). (A·K 씨)

1개월 반까지 : 공기를 주입하는 아기 욕조로 주방의 싱크대에서. 이후에는 그냥 욕조에서. 씻길 때는 아기 목욕의자를 사용했습니다. (S·N 씨)

공기를 주입하는 아기 욕조를 물려받아서 사용했습니다. 현재는 무릎 위에 놓고 몸을 씻기고 욕조에. 아기용 튜브가 도움이 되었습니다. (C·M 씨)

3개월까지는 공기를 주입하는 아기 욕조를 2개 준비해서(씻기는 용도와 몸을 데우는 용도) 목욕을 시켰습니다. 이후에는 욕조에 따뜻한 물을 받아서 함께 몸을 담급니다. 태어난 직후에는 유아 습진과 지루성 습진에 걸리기 쉬워서 여름에는 아침저녁으로 목욕을 했습니다. (F·K 씨)

목욕은 주방에서 아기 욕조로. 현재는 주방에서 안아서 씻깁니다. 저도 같이 씻고 싶을 때는 **스위마바***의 목 튜브를 사용해서 딸을 물에 둥둥 띄워 놓습니다. 스위마바는 아들이 어렸을 때도 매우 유용하게 썼습니다. (아사노 씨)

세면대에 따뜻한 물을 받아서 아기 비누로 씻겼습니다(남편이). 1개월 후부터는 욕조에서 함께 목욕했습니다. **이케아**의 트로패스트(trofast) 큰 박스가 아기 한 명을 씻기기에 딱 알맞았습니다. (E·K 씨)

신생아 때부터 꽤 긴 시간 동안 **스토케***의 아기 욕조(큰 것)를 썼습니다. 현재는 함께 욕조에서. '들어가기 전에 목욕수건과 기저귀를 준비해두고 욕조에 담그기 → 아기 씻기기 → 엄마 씻기(이때는 목욕용 장난감을 몇 개 가지고 놀게 합니다) → 다시 물에 들어가기' 순서로 대략 해나가고 있습니다. (Y·K 씨)

목욕은 남편이 담당해서 출근 전 9시쯤에 주방 싱크대에서 아기 욕조로. 이유식을 시작하고부터는 제가 저녁에 머리와 얼굴, 몸을 씻기고 샤워로 헹군 뒤, 함께 욕조에 몸을 담그고 있습니다. (M·S 씨)

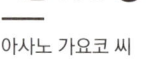

육아
리얼 취재 ❶

아사노 가요코 씨

PROFILE

도쿄시 이타바 구의 갤러리 〈fu do ki〉에서 의료, 요가, 아트 등 각 분야의 전문가와 이벤트를 개최하는 〈space aamu〉를 운영 중. 가요코 씨, 남편, 아들(취재 시 3세), 딸(6개월)의 4인 가족. 툇마루로 이어진 집에 시부모와 시동생 가족까지 3세대가 살면서 일상적으로 왕래하며 지냅니다. 집은 4LDK(4개의 방, 거실, 식당, 주방).

사는 방식이나 감각을 보면 늘 배우고 싶은 점이 많은 가요코 씨. 바쁜 중에도 자신의 시간은 제대로 가지려고 노력해서 하루 중에 커피타임은 꼭 챙긴다고. 커피를 타는 중에 아기가 부르면 커피와 잡지를 가지고 간다고 합니다. 생활 중에 5분이라도 쉼표를 찍으면 만족감과 일상의 탄력을 가질 수 있다는 것입니다. 이러한 가요코 씨도 "스트레스가 쌓여 남편에게 폭발한 적도 있어요(웃음)"라고. 긍정적인 가요코 씨에게도 그런 일이 있었다니 조금은 마음이 든든해졌습니다. 또한 "지금은 아슬아슬한 시기는 지났지만 가끔은 아이들을 남편에게 맡기고 혼자서 외출하기도 합니다. 하지만 아들이 말을 하기 시작하면서 육아가 점점 즐거워졌어요"라고도.

아이를 낳고 '출산 후에 육아맘을 도와줄 곳이 너무 적다'는 것을 알게 된 가요코 씨. 작업요법사(심신장애인의 사회 복귀를 목적으로 훈련을 시키는 사람)였던 경험을 살려 임산부나 지역민들을 위해 함께 배우며 많은 시간을 공유하는 장소 〈space aamu〉를 마련했습니다. 아이를 키우며 일을 하려니 힘든 점도 많지만, 기획을 하는 시간이 스트레스를 가장 많이 발산할 수 있다고. 육아, 일, 혼자만의 시간 … 모든 것에 적극적이면서 즐겁게 일하는 그녀를 보며 깊은 감명을 받습니다.

아사노 씨가 추천하는 아기용품 베스트 3 → 대활약!

① 무인양품의 '낮잠 매트'
딸을 매트 위에서 놀게 하거나 잠깐씩 낮잠을 재울 때도 매우 편하게 사용.

② 베이비뵨*의 바운서
자동으로 흔들려서 좋았습니다. 여기에 앉혀두고 옆에서 도시락을 만들거나 세탁기를 돌렸습니다.

③ 잉글레시나(Inglesina)*의 유아 식탁 의자
외출 시에도 짊어지고 갈 수 있는 간편한 아기 의자.

Q

아기가 낮에 머무는 곳은?

거실에 깔아둔 낮잠 매트에서 뒹굴거나 바운서에. 옆에 있어야 안심이 되어서 바운서를 옮기며 집안일을 하기도 합니다.

Q

아기가 저녁에 자는 곳은?

작은 아기침대를 부부와 아들, 3명이 자는 침대 옆에 놓았습니다. 테두리가 망으로 되어서 부딪쳐도 아프지 않고 침대에 누워서도 볼 수 있으니 안심.

위험방지 목제 안전문
건축가인 나카무라 요시후미가 지은 훌륭한 주택에 **일본육아**(日本育児)*의 목제 안전문이 잘 어울립니다.

아이 방 매트도
나무 바닥이 좋지만 넘어져도 충격이 적은 매트가 필요하다는 생각에 나뭇결 모양의 놀이 매트를 구입.

나무의 따뜻함이 좋습니다

나무의 온기가 느껴지는 안전문과 매트 등, 편리함과 디자인 모두를 만족시키는 물건을 찾아내는 안목이 뛰어난 가요코 씨. 그녀의 철칙은 '일시적으로만 사용하는 물건은 구입하지 않는다'는 것이지만 나무 아이템을 좋아해서 때로는 필요성이 낮은 것에도 그만 매료된다고. 이해하기로(웃음).

Q
아기용품 수납은 어떤 식으로 하는지?

외출복은 아기 방의 일본식 서랍장에 넣어둡니다.
시어머니로부터 물려받은 것이어서 중후함과 은은
한 멋이. 서랍 안은 플라스틱 상자로 구분해서 수납.
　기저귀 세트는 바구니에 모아서 천으로 씌워 거실
선반에 둡니다. 배변 처리 후에 뿌려서 방을 청결하
게 만드는 유기농 스프레이도 함께.

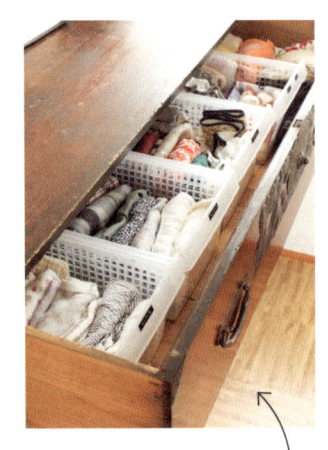

수제 벌레기피제
유해물질이 들지 않은 스프레이형 벌레기피
제. ①무수(無水) 에탄올 5ml에 아로마오일
(레몬그라스, 레몬유카리 5방울씩, 라벤더 2
방울)을 넣고 잘 섞어줍니다. ②정제수 30ml
를 첨가해 완성. 아로마오일 대신에 글리세린
을 넣으면 화장수로도 사용 가능.

몸단장의 효과

가요코 씨와 뜻이 맞았던 것은 '아침 일찍 몸단장을
하고 나면 온종일 기분이 좋다. 몸단장의 영향력은 대
단하다!'는 깨달음이었습니다. 말끔한 기분으로 집안
일도 척척 할 수 있고 바로 외출할 수도 있어서 빠른
대응이 가능합니다. 그리고 아침을 맞이한 가족에게
도 좋은 인상을 줄 수 있습니다. 저의 경우, 겨울에는
기상 시간에 맞춰 난방을 설정해둬서 추운 아침에 옷
갈아입고 몸단장하는 귀찮음을 덜었습니다.

아사노 씨의 일정표

5:00	딸 기상, 함께 거실로. 세탁기 돌리기, 도시락 만들기
6:30	아들 기상, 아침식사, 등교 준비, 빨래 널기
8:40	아들 유치원에 보내기
9:00	커피 타임
9:30	청소(딸 목욕)
12:00	간단한 점심식사
13:00	자유 시간. 딸과 놀며 인터넷, 독서, 일 등
13:50	아들 마중. 오는 길에 슈퍼에서 장보기
14:30	아들 간식과 저녁 사전준비
16:00 ~ 17:30	아들 낮잠. 본격적으로 저녁식사 만들기. 빨래 개기 딸이 깨지 않으면 나도 낮잠
18:00	저녁식사
19:00	아들과 목욕 (딸도 함께)
20:00	놀이 시간
21:00	아이들과 침대로
23:00	아들이 자면 자유 시간
24:00	취침
26:00	딸이 울면 우유 먹이기

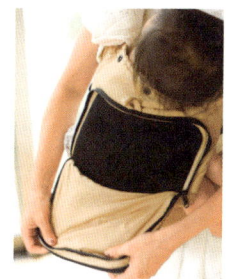

등 부분이 그물망으로 되어서 무더운 여름에도 좋습니다.

작게 말아 수납할 수 있어서 방이나 가방 안에서 부피를 차지하지 않습니다.

몸에 꼭 맞는 아기띠

napnap*의 아기띠는 일본에서 기획하고 만들어서 작은 체구의 일본인에게 알맞습니다. 아기의 다리 사이가 너무 넓지 않고 마른 체형 육아맘의 골격에도 꼭 들어맞습니다. 또 끈 자체가 가볍고 가격도 만 엔 정도로 부담이 없습니다.

아들의 출산은 굉장한 난산이어서 이번에는 화통 분만을 선택했습니다. 이 정도면 몇 명이고 낳을 수 있다고 생각할 정도로 편해서 즐거운 출산이 될 수 있었습니다.

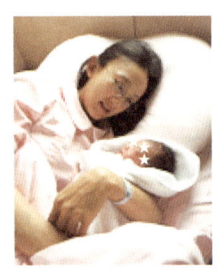

1월 12일 (생후 0일)
추운 겨울 이른 아침에 아들이 세상에 나왔다. 처음으로 곁에 두고 찬찬히 바라보니 하나하나의 동작과 표현이 믿을 수 없을 만큼 사랑스럽다. 항상 반응하며 배를 걷어차던 아기가 이 녀석이었구나 하고 새록새록 느낀다. 오늘부터 내가 엄마야. 잘 부탁해!

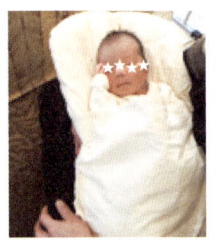

1월 18일 (생후 6일)
모자가 퇴원한 다음 날, 황달 수치가 높아서 아들이 다시 하루 입원하게 되었다. 다음 날 데리러 가니 토폰치노의 주머니에 캥거루처럼 들어가 있었다. 추울지도 모른다는 조산사의 배려에 감사. 우스꽝스러운 모습에 웃음이 나왔다.

1월 26일 (생후 14일)
출산 후 3주 동안은 시댁에서 지냈다. 아기가 울면 달래주고 재워주셔서 나는 수유만. 아주 편하고 호강스러운 시간이었다. 하지만 이렇게 기분 좋고 맑은 날엔 밖에 나가고 싶어서 근질근질. 시어머니가 아기를 봐주셔서 30분 정도 산책하며 재충전했다.

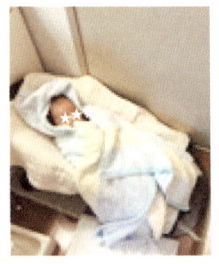

2월 15일 (생후 1개월 4일)
극진한 산후조리를 해주신 시댁에서 나와 우리 집으로 왔다. 낡은 집의 탈의실이 좁고 추워서 목욕할 때는 굉장히 신경을 써야 한다. 히터를 틀고 아기를 둘둘 싸서 바운서에 대기. 오늘은 처음으로 엄마 혼자서 목욕을. 대충 씻겼는데 엄청나게 피곤하다!

2월 17일 (생후 1개월 6일)
출산 선물로 **에르고***의 아기띠를 받아서 목을 가누기 전에도 사용할 수 있도록 '인서트'를 샀다. 사용법은 유튜브의 동영상으로 배웠으니, 자! 그런데 어렵다···. 연습해서 잘 해보자. 이게 있으면 집에서도 안은 채로 집안일을 할 수 있다.

2월 26일 (생후 1개월 15일)
연일 따뜻한 날이어서 주변에 벚꽃이 피었다. 아기띠를 하고 산책을 하는데 아이는 금방 잠들어서 보지 못했지만 올해 벚꽃놀이에 함께 가고 싶구나.

3월 2일 (생후 1개월 21일)
냉난방기가 잘 돌지 않아서 방이 따뜻해지지 않았다. '전문가에게 클리닝을 맡기자'고 처음으로 홈케어 업체를 불렀다. '더 빨리 불렀으면 좋았을걸!'하고 후회될 만큼 다시 태어난 냉난방기. 방이 따뜻해졌다··· 정말 다행이다.

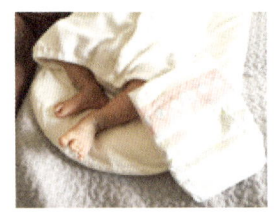

3월 4일 (생후 1개월 23일)
기저귀 크기가 신생아용에서 S로 커졌다. 신생아 사이즈는 4~5박스를 썼는데 2개월 조금 안 돼서 이렇게 기저귀를 많이 썼구나 생각하니 감회가 깊었다. 낮잠에서 깬 아이의 기저귀를 가는데 '2시간 전보다 다리가 굵어졌나?' 하고 느낄 만큼 성장 속도가 빠르다.

3월 5일 (생후 1개월 24일)
눈이 선명하게 보이는지 눈에 띄는 것을 쫓는 아이를 위해 색종이와 끈으로 모빌을 만들었다. 움직이면 더 좋아하게 화려한 색감의 모빌을 못으로 고정! 만들기를 좋아하는 나도 아닌데 아이를 위해서 했다. 이것이야말로 사랑의 힘!

3월 12일 (생후 2개월 1일)

2개월을 넘긴 아이를 데리고 출산 후 처음으로 차를 마시러 카페 '센키야'에 갔다. 느긋하게 앉아 있을 수 있는 자리가 많아서 기저귀를 갈 수 있도록 해주었고, 맛있는 커피와 케이크를 먹어서 너무나 행복했다. 근처에 이런 멋진 카페를 열어준 주인 부부에게 감사할 따름.

3월 13일 (생후 2개월 2일)

대학 시절 친구 네 명이 아이들을 데리고 모였다. 가장 먼저 엄마가 된 M의 육아 비법이 굉장하다(!)며 흥분했다. 기저귀 갈기에 힘겨워하는 R에게 "엄마 발로 아기 어깨를 고정하고 갈면 돼. 밖에 나가서는 그렇게 할 순 없지만(웃음)" 하고 가르쳐주었다. 엄마친구, 만세다.

3월 25일 (생후 2개월 13일)

아이를 안고 친정집 계단을 내려오다가 미끄러져 넘어졌다. 천만다행히도 아이는 다치지 않았지만 나의 부주의함을 깊이깊이 반성했다. 나는 정강이를 다쳤다. 만일 내가 입원하게 되면 아기는 누가 돌봐줄 것인가? 생각하니 아이는 물론 나도 잘 관리해야겠다고 다짐했다.

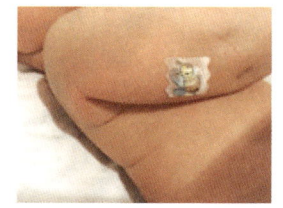

3월 28일 (생후 2개월 16일)

첫 예방접종. 근처 병원 목록을 참고해 고른 소아과의 의사선생님이 친절하게 진찰해주셔서 너무나 감사했다. 잠에서 깨어 멍한 아이의 팔에 바늘이 들어가자 역시 앙~. "잘 참네"라고 감탄했다.

4월 9일 (생후 2개월 28일)

항상 천정을 보고 자는 아들. 문득 생각하니 뒤통수가 절벽이 될 조짐이! 짱구 베개를 사려고 기치조지에. 그 전에 매우 좋아하는 빵집에서 빵을 사서 근처 작은 공원에서 먹었다. 자리를 깔고 기저귀를 갈기도 했다. 공원은 정말 고마운 곳이구나, 하고 감동했다. 사려고 했던 짱구 베개는 안타깝게도 품절!

4월 12일 (생후 3개월 1일)

오늘로써 3개월이 되었다. 태어난 날은 눈이 내리는 겨울이었지만 3개월이 지나 계절은 봄. 가족 셋이서 마루노우치의 키트에 갔다. 옥상에 이런 멋진 정원이 있는 줄은 몰랐다. 기저귀를 갈거나 수유를 할 수 있는 장소도 곳곳에 있어서 마루노우치는 의외로 아이를 데리고 다니기에 편한 거리라는 것을 알았다.

4월 13일 (생후 3개월 2일)

며칠 전 품절돼서 사지 못했던 아이의 베개를 인터넷쇼핑몰에서 주문했는데 오늘 도착했다. 이른바 짱구 베개. 구멍 부분에 뒤통수를 쏙 넣기에 좋은 형태였다. '전부터 늘 써왔는데?' 하는 분위기로 금방 친숙해졌다.

4월 15일 (생후 3개월 4일)

휴일에 남편과 셋이서 가구라자카에. 안전한 출산을 기원했던 절에 참배하러 간 것이었지만 먼저 la kagu*에 들러 쉬었다. 상점의 모퉁이에 있는 카페는 아기를 데리고 가도 걱정 없이 이용할 수 있는 분위기. 게다가 더욱 반가운 것은 기저귀 용품을 수납하기에 딱 알맞은 대나무 상자를 발견한 것. 조금 비쌌지만 오래 사용할 수 있는 디자인이면서 적당한 크기여서 무리를 해서 구입했다. 덕분에 나는 온종일 기분이 좋았다.

5월 5일 (생후 3개월 24일)

아이가 좋아하는 풍선을 사려고 나선 **다이소**에서 고이노보리(鯉のぼり : 남자아이의 출세와 건강을 기원하는 잉어 모양의 깃발)를 샀다. 아이 앞에서 펄럭이니 신기한 듯이 쳐다본다.

아기가 태어나고 바로 시작된 수유. '언제? 얼마나 먹여나 하나?' 처음에는 정말 가늠이 안 돼서 걱정이 되었습니다. '2시간마다'나 '한쪽에 10분씩' 등 어림짐작으로 하다가 대충 리듬이 생기자 항상 시계와 눈싸움을 해가며 시간 계산을 하고…. 이런 감각이 무한하게 느껴졌습니다. 그래서 스마트폰 앱을 활용해 보자고 생각했는데 정말 큰 도움이 되었습니다.

애용한 것은 '수유시계'라는 앱으로 수유와 수면, 기저귀 갈기의 타이밍을 원터치로 기록할 수 있어서 그 데이터를 하루 단위로 집계해서 볼 수 있습니다. 그리고 가장 도움이 되었던 것은 앱을 열면 초기화면에 '바로 이전 수유가 몇 시였다' '그로부터 몇 시간 몇 분이 지났다' 하는 데이터가 표시되는 기능이었습니다. '조금 전 주고 나서 얼마나 지났지?' 하다가 앱을 열면 일목요연하게 볼 수 있었지요. 머리로 기억하는 번거로움으로부터 해방된 것이 큰 기쁨이었습니다.

낮잠이나 대변 타이밍 등도 원터치로 기록할 수 있어서 자기 전에 육아일기(생후 8개월까지 기록)를 쓸 때는 이 앱을 보면서 하루를 정리했습니다. 수유기는 이 앱이 나의 파트너라고 해도 좋을 만큼 믿음직한 존재가 되어주었죠.

스마트폰 기능을 활용한 또 한 가지는 '아이튠즈(iTunes)'. 제가 음악을 자주 듣던 앱이지만 이것으로 항상 BGM을 틀어두었습니다. 신생아 때부터 계속 틀어주었던 오르골의 'Sleeping baby~ 잘 자라, 내 아기'는 아이에게 자는 시간을 알리는 신호가 되었습니다.

음악 데이터는 컴퓨터에 넣어두면 용량도 차지하고 듣던 곡도 싫증이 나므로, Apple Music 라이브러리 안의 음악을 마음껏 들을 수 있는 'Apple Music(유료)'에 가입했습니다. 풍경과 계절에 맞게 '크리스마스' 등을 검색하면 나오는 플레이 리스트를 틀어둡니다. 방에 좋아하는 음악이 울려 퍼지는 것만으로도 아기와 둘만의 시간을 답답하지 않게 보낼 수 있습니다.

4장

4 ~ 5개월

아기가 목을 가눌 쯤에
이사를

갑작스러운 이사를
하게 되었습니다.

남편의 전근으로 갑작스러운 이사를!
그 날은 갑자기 찾아왔습니다.

2년 전부터 아파트 구입을 고려하고 있었지만 마음에 드는 집이 나타나지 않았습니다. 그러던 중, 남편이 같은 현(県) 내로 전근을 가게 되었습니다. 전근을 가게 된 곳은 앞으로 투자 가치가 있는 지역에서 다니기 쉬운 곳. 이렇게 되고 보니 우선 그 지역에 세를 얻어 이사하면 남편은 출근하기 편하면서 집을 찾기도 쉽겠다는 생각이 들었습니다. 물론 아이를 낳고 나니 조금 더 넓은 곳으로 옮기고 싶은 마음도 있었습니다. 지금 사는 집은 너무 오래돼서 내진성(耐震性)의 염려도 있었습니다.

이사를 결심하고부터는 아주 빠르게 진행되었습니다. 아파트 둘러보기, 계약, 이사업체 선정까지 모두 일주일이 걸렸습니다. 사용빈도가 낮은 물건(책, CD, 업무자료, 꽃병 등)부터 크고 작은 골판지 상자에 채우면서 동시에 버릴 것을 선별해 버렸습니다. 책, 잡지 중에 남기고 싶은 것만을 남기고 나머지 60권과 CD 20장을 처분. 추억의 노트나 헝겊 인형도 다시 찾는 일이 없어서 버렸습니다. 선반처럼 쓰던 의자나 컴퓨터 책상은 이사한 집까지 가지고 갔으나 크기가 너무 작아서 다른 사람에게 주었습니다.

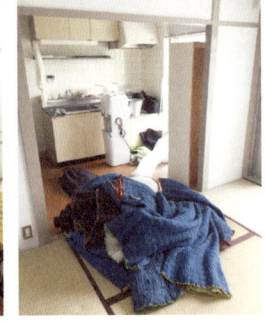

결혼해서 6년을 살았던 첫 집에는 우리들의 추억이 가득했습니다. 이

집에서 배운 것들과 이곳에서 가졌던 경험들이 많았습니다. 그리고 이제 건축한
지 47년이 된 2K(방 두 개와 주방)의 집에서 3년 된 1LDK(방 하나에 거실, 식당, 주방) 아
파트로 이사했습니다.

　집을 선택한 기준은 '채광' '통풍' '녹지'. 집이 좁은 것은 어떻게든 해 볼 수 있
지만, 햇빛이 잘 들고 바람이 잘 통하며 창에서 나무를 볼 수 있는 조건은 제 힘으
로 어찌해 볼 수 없는 부분이기 때문입니다. 또한 아이가 있는 가정은 승강기가
없는 4층 이상이나 아래층에 독신이나 노인이 사는 집은 피하는 것이 좋다는 것.
이것은 친분이 있던 건축가 이토 유코 씨가 가르쳐준 것이었습니다.

　우리가 발견한 이 집은 모든 조건을 만족한데다가 주차장도 있어서 보러 갔던
날 바로 계약을 결심했습니다.

이사하며
깨달은 점

양 옆집과 아래층에 사는 이웃들에게 이사 온 기념으로 작은 선물을. 실용성 있고 받아서 곤란하지 않은 소모품으로 행주와 스펀지를 준비.

생활하기 편하게 수납해놓으면
이사하기도 쉽습니다.
그리고 집에 있는 물건을 모두 꺼내니
새삼 깨닫게 된 점이 있었습니다.

결혼하고 나서 얼마 안 되는 짐을 차에 싣고 이사하던 때와는 다르게 이번에는 태어나 처음으로 본격적인 이사를 했습니다. 집을 구하고 각종 서류 수속에 정신이 없었지만 짐 꾸리기에 도움이 된 것은 '집의 수납규칙'이 있었다는 것이었습니다. 관련된 것을 모아 수납한 덕분에 그대로 옮기면 되니 더없이 편했습니다. 또한 환기통 뚜껑 등의 부속품을 각각 지퍼백에 담아서 한곳에 모아 라벨링을 해둔 것도 즉시 집을 비울 수 있는 조건이었습니다.

한편 힘들었던 것은 이사 간 곳에서 짐을 푸는데 생각만큼 척척 진행되지 못했다는 점. 아기가 있어서 정리할 시간이 없는 것은 어쩔 수 없다 해도, 걱정됐던 것은 이삿짐의 양이었습니다. 우리 집에는 물건이 별로 없을 것이라고 생각했지만 꺼내놓고 보니 이렇게 많다니! 게다가 그 하나하나가 겁에 질릴 만큼 무거웠습니다. 홀가분하게 살고 싶다고 했는데 이다지도 많을 줄이야.

이렇게 많은 물건을 집에 쌓아놓는 것이 싫어서 새집에 이사해서는 꽤 많은 물건을 처분했습니다. 이럴 거면 이사 오기 전에 버리고 왔어야 했는데⋯. 물건이 적을수록 짐을 푸는 부담이 적은 것은 당연한 이치.

이번 이사로 살림살이의 양과 소유에 관해 다시금 깨닫는 계기가 되었습니다.

이전의 집과 똑같이 열쇠는 현관 안쪽 문에 매달았습니다. 외출할 때 빠뜨리지 않는 습관과 수납을 연결시켰습니다.

콜맨(Coleman)*의 '네추럴 우드 롤 테이블'에 스피커와 남편의 소지품을. 여기에서 컴퓨터 작업을 하기도.

스노우피크(snow peak)*의 '마이 테이블'에 그림책과 장난감을 올려놓고 청소기를 사용하기 편한 환경으로.

새집에 필요한 것이 생기면
급히 사지 않고 일단 집에 있는 것으로

소파와 낮은 탁자 이외의 가구는 다 버리고 이사했기 때문에 거실과 식당에 식탁이 놓일 자리가 텅 비었습니다. 식사는 낮은 탁자에서 한다 해도 물건을 놓을 장소는 필요했습니다. 적당한 위치가 잡힐 때까지는 캠핑용품으로 대체하기로 했습니다. 캠핑용품은 아무것도 없는 곳에서 생활하기 위한 도구여서 집에서도 충분히 그 쓰임새가 있습니다. 일단 그렇게 쓰면서 살다가 '선반이 아래에 하나 더 있으면' '서랍이 붙어 있으면' 등 가장 좋은 수납의 형태와 필요한 가구를 찾아내는 것이 좋다고 생각했습니다.

이전에는 남편의 소지품을 현관 바구니에 두었습니다. 외출할 때 잊으면 안 되는 지갑이나 시계를 한 곳에. '바구니에서 꺼낸다'는 습관은 새집에서도 이어지게 했습니다.

Living

전에 살던 집에서 가지고 온
가구는 수납 가구 3점 외에
소파와 낮은 탁자뿐.
거의 하루를 보내는 거실은
아기가 자유롭게 돌아다닐
수 있도록 널찍한 공간으로.

육아와 공간 만들기
: 거실 〈4~5개월〉

아기가 낮 시간을 보내는 공간을
어디에, 어떻게 만들까.
거실에 하나 있는 수납장을
어떻게 활용할까.
시행착오의 새로운 생활이 시작되었습니다.

거실에 있는 가구라곤 이전에 살던 집에서 가지고 온 소파와 낮은 탁자밖에 없어서
소파 반대쪽 벽면이 남았습니다. 그래서 고민할 것도 없이 그곳을 아기의 공간으로
결정했습니다. 아직 뒤집기도 못하는 4개월의 아기를 소파의 맞은편에 아기 이불을
깔고 뉘었습니다. 아기 이부자리는 솜과 가제 소재로 만들어 촉감이 매우 좋은 **파시
마**(pasima)*의 패드를 겹쳐서 깔았습니다.

　소파의 맞은편 공간이라 아기의 상태가 좋은 날이나 푹 자고 있을 때는 소파에
누워서 지켜볼 수 있습니다. 아기의 공간으로 정한 장소는 일반적으로는 TV를 놓
는 곳입니다. 저는 예전부터 TV가 없어서 보고 싶을 때는 어머니에게 빌린 휴대용
TV를 사용했습니다. 큰 화면으로 즐길 순 없지만 TV에게 공간을 내주지 않아도 되
었고, 아기와 TV의 거리를 걱정할 필요도 없어서
좋았습니다.

　거실 꾸미기에서 중요한 다른 한 가지 포인트는
거실에 있는 조립식 수납장을 적절하게 활용하는
것이었습니다. 아기를 안고 매일매일 사용하기 편
한 방법을 고민하며 실험해보았습니다.

　있는 상태 그대로 생활해서는 최적의 수납을 모
릅니다. 이사, 가족의 성장, 일과 취미의 변화 등 어
떠한 때에도 가장 사용하기 쉽고 편하게 지낼 수
있는 수납을 시행착오를 거쳐 만들고 싶었습니다.

거실에서 보는 주방 전경

아기가 낮 시간을 보내는 공간 만들기

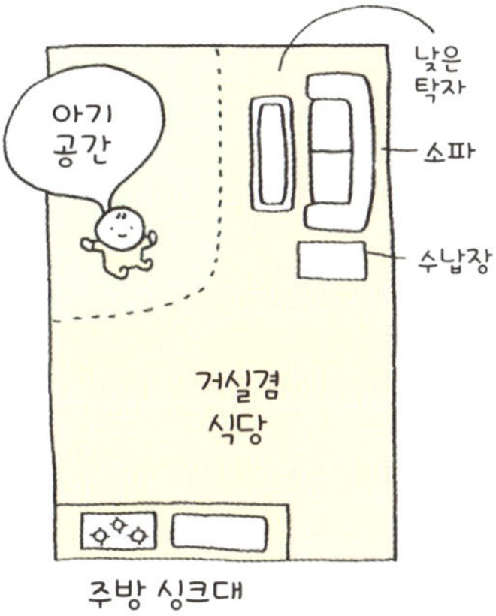

낮은 탁자

아기 공간

소파

수납장

거실겸 식당

주방 싱크대

아기 침구

pasima*는 성인용 이불을 새로 맞췄을 때 이불 가게 주인이 추천해준 것. 촉감이 매우 좋고 겨울에는 따뜻하고 여름에는 시원합니다. 세탁을 해도 금방 마르는 점이 아기용 침구로 손색이 없습니다. 너무 마음에 들어서 패드에 누빔 이불도 추가로 구입해 현재 가족 모두가 애용하고 있습니다.

필요한 것은 바로 손이 닿을 수 있게 수납

결혼 전부터 사용해오던 **무인양품**의 4단 박스에 자주 사용하는 물건을 모아둡니다. 소파에서 아기를 안고 수유를 하는 시간이 많아서 앉은 채로 꺼낼 수 있게 소파 옆에 배치. 가장 아래에는 수유 쿠션, 옆에 걸어둔 것은 손목시계. 휴지통도 나란히 놓고 쓰레기가 생기면 바로 버릴 수 있도록.

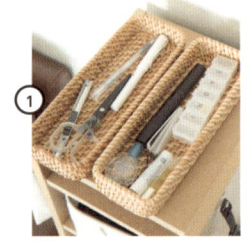

자주 쓰는 일용품

상단에 가위, 펜, 립크림, 손톱깎이 등 자주 쓰는 일용품을. 전에 커트러리(식탁용 나이프, 포크 류)를 담아두던 등나무 트레이에 담아 서랍처럼 사용.

외출용 소지품

지갑, 안경집, 자외선 차단 장갑 등 외출용 소지품을 헝겊 상자에 넣어두었습니다. 예전에는 가방에 넣어두었는데 지금은 상황에 따라 들고 다니는 가방이 바뀌기 때문에.

아기의 몸단장 용품들

가제 수건은 자주 쓰는 것이어서 칸막이가 달린 케이스에 하나씩 꺼낼 수 있도록. 아기용 면봉은 시판 용기는 개폐가 어려워 면봉 케이스로 옮겨 담았습니다. 바셀린과 손톱깎이 등의 용품과 함께 수납.

집이 넓어져서 새로운 수납 가구를 사면 일상용품과 아기용품을 수납하기 편리하지 않을까 생각했습니다. 하지만 우선은 가지고 있는 것으로 맞춰보자는 것이 생활의 신조. 전에 살던 집에선 벽장에 넣고 사용했던 4단 박스를 밖으로 옮겨왔습니다.

책과 잡지 수납

조금이라도 여유 시간이 생기면 읽고 싶은 책을 바로 꺼낼 수 있도록 소파의 팔걸이 옆에 책과 잡지를 비치해 두었습니다. 예전에는 나무 상자를 두었지만 현재는 주방에서 쓰고 있어서 딱딱한 종이 파일박스로 대체했습니다.

상단

① 책

상단에는 보드 박스를 옆으로 눕혀서 책을 수납. 그 위에 아파트에 부수적으로 따라다니는 부품들을 보관.

② 컴퓨터 등

왼쪽의 3단 서랍은 노트북, 남편과 나의 물건, 카메라나 비디오 등을. 위에 올려둔 것은 서류를 모은 파일들.

③ 공구·우표

서랍 중앙에는 각종 편지지나 우표, 공구, 모자수첩 등.

④ 다리미 등

가장 아래의 넓은 곳에는 다리미와 청소 용구, 건전지 등.

⑤ 문구

벽면에 봉을 걸고 메쉬백을 매달아 문구 등을 수납.

⑥ 자주 쓰는 물건

가운데는 가장 꺼내 쓰기 쉬운 위치. **무인양품의 조립선반과 서랍**을 짜 맞춰서 자주 사용하는 물건들을 수납.

⑦ 액세서리

수납장 문을 열면 바로 손이 닿는 위치에 액세서리 케이스와 영수증을. 서랍을 여닫다가 걸리지 않는 위치.

4장 4~5개월

하단

각종 후크, 파우치 등

하단을 어떻게 사용할까 고민하다가 먼저 일상적으로 사용하는 가방을 봉과 S자 후크를 이용해 걸어두었습니다. 뚜껑이 있는 박스에 수납용 소품들을 모아두고 수납 아이디어가 떠오르면 이 상자 속에서 필요한 것을 찾아 실험해봅니다.

폭 80cm, 깊이 80cm로 천정까지 닿은 큰 조립식 2단 수납장. 거실에서 사용하는 물건을 효율적으로 수납하고 물건들끼리 섞이지 않도록 수납 케이스와 박스를 추가.

육아와 공간 만들기
: 침실 〈4~5개월〉

이사하기 전과 마찬가지로 침실은 물건을 놓지 않고 개인적인 공간으로 만들고 싶었습니다. 불필요한 물건이 없는 방은 잠자기에 어울리는 차분함을 주고 바닥에 아무것도 없으면 청소하기도 간편합니다. 물걸레질은 주 2~3회, 분위기는 항상 '오늘 밤도 기분 좋은 잠자리'.

이사를 계기로 이불을 새로 장만했습니다. 좋은 이불에서 자면 다음 날 아침의 기분과 컨디션이 다릅니다. 우리 부부는 '사는 동안 차지하는 수면시간의 양과 건강을 생각하자'고 결론을 내리고 투자를 한다는 생각으로 이불을 구입했습니다. 매일 잠드는 순간의 행복도가 점점 상승해 수면의 질이 높아지는 느낌입니다. (muatsu 이불*)

침실에는 양쪽으로 문이 열리는 벽장과 드레스룸이 있어 2개의 커다란 수납공간을 갖추고 있습니다. 그러나 안타깝게도 입구가 좁아 넣고 빼기가 어려워 이불은 밖에 두어야 했습니다. 거실에서 드나들기 가까운 벽장에 옷을 보관했습니다. 드레스룸은 동선이 멀고 드나들기가 불편해서 일상적으로 쓰는 물건은 보관하지 않았습니다.

① 측면에 봉과 후크를 달아 모자와 벨트를 수납. 남는 공간을 활용할 수 있을 뿐만 아니라 물건을 한눈에 찾기 쉽습니다.

벽장에 가족의 옷을 모두 수납

② 상단에는 손잡이가 달린 **이케아** SKUBB 박스에 철 지난 옷이나 잘 쓰지 않는 가방을 수납. 아직은 실험 단계여서 나중에 바뀔 수도 있으니 라벨링은 포스트잇에.

③ 길게 늘어뜨린 주머니의 맨 위에는 내 양말, 가운데는 아기옷, 맨 아래는 아기용 턱받이와 내의를. 문을 조금만 열면 꺼낼 수 있는 위치.

④ 바닥에는 먼지가 쌓이기 쉬워서 공기가 통하고 청소를 편하게 할 수 있도록 서랍에 바퀴를 달았습니다. 바닥에는 되도록 아무것도 놓지 않습니다.

· 벽장의 중앙을 기준으로 오른쪽은 내 것, 왼쪽은 남편 것으로 구분.
· 주름이 지기 쉬운 것과 겉옷은 걸고 그 외는 서랍 안에 개어서 수납.
· 양말, 숄, 넥타이 등 소품은 홀더를 사용해 각각 구분해 걸어서 수납.

드레스룸
수납은 많이 할 수 있지만 안에까지 들어가기가 번거로운 드레스룸. 잘 쓰지 않는 물건을 모아서 수납하기로 했습니다. 전에 살던 집 벽장에 보관하던 물건이나 실외 창고에 보관하던 캠핑용품 등. 이후에는 간직해 두고 싶은 아기용품 등을 보관할 예정입니다.

Kitchen

물건의 수량도 작업량도 많고, 수납 구
조가 작업 효율에 가장 많은 영향을 미
치는 곳이 주방입니다. 재빨리 음식을
만들 수 있도록 새로운 주방의 구조와
도구의 매칭에 심혈을 기울였습니다.

새로운 주방의 수납 〈4~5개월〉

집은 넓어졌어도 주방의 규모는 그다지 바뀐 것이 없었습니다. 게다가 예전 주방에는 있었던 개방형 선반이 새 주방에는 없어서 식기수납에 애를 먹었습니다. 다만, 아이를 키우는 지금은 아기가 있는 곳을 바라보며 작업할 수 있는 구조여서 조금 나아진 셈입니다.

① 자주 쓰는 것
자주 사용하는 그릇은 채에 받쳐서 카운터에 보이게 수납. 카운터 너머에는 뜨거운 물이 나오는 정수기가 있습니다.

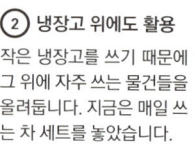

② 냉장고 위에도 활용
작은 냉장고를 쓰기 때문에 그 위에 자주 쓰는 물건들을 올려둡니다. 지금은 매일 쓰는 차 세트를 놓았습니다.

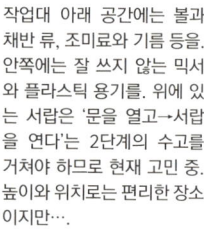

③ 가스레인지 아래/검토 중

가스레인지 아래에는 냄비와 프라이팬을 놓고 싶었지만 전에 살던 집과는 공간이 달라서 맞지 않았습니다. 어떻게 하면 전부 꺼내기 쉽게 수납할지 고민 중.

④ 작업대 아래/검토 중

작업대 아래 공간에는 볼과 채반 류, 조미료와 기름 등을. 안쪽에는 잘 쓰지 않는 믹서와 플라스틱 용기를. 위에 있는 서랍은 '문을 열고→서랍을 연다'는 2단계의 수고를 거쳐야 하므로 현재 고민 중. 높이와 위치로는 편리한 장소이지만….

⑤ **평소에 사용하지 않는 물건**

아주 높은 위치에 있는 수납장에는 자주 쓰는 물건은 놓지 않습니다. 가끔 사용하거나 공간을 많이 차지하는 큰 그릇을 이곳에. 발꿈치를 들어도 닿을까 말까 하는 상단에는 현재는 거의 사용하지 않는 도시락통이나 종이용기 등을 **이케아 박스**에 넣어두었습니다.

⑥ **도마와 행주**

요리책을 펼쳐 세울 수 있는 슬라이딩 걸이에 도마를 수납. 옆에는 행주를 고리에 걸어 매달았습니다.

⑦ **후크에 걸어서 수납**

간단한 설치로 공간을 활용한 '후크에 걸어서 수납하기'는 앞으로 더 늘려갈 생각입니다. 작은 가방에는 세탁을 마친 행주를 얼마든지 넣을 수 있습니다. 큰 가방에는 비닐봉지나 배수구용 망을 보관.

⑧ **싱크대 밑에는 서랍을**

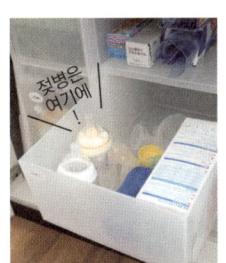

큰 서랍에는 젖병 등의 아기용품을 수납. 그 외에는 세제와 약 등을. CD 플레이어가 주방에 있어서 CD도 이곳에.

싱크대 아래에는 예전에도 서랍을 넣어 안쪽까지 활용해왔습니다. 오른쪽 문에는 쓰레기봉투를 한 장씩 꺼내 쓸 수 있도록 장치를 만들어 달고, 왼쪽에는 칼과 손잡이가 달린 스펀지를 후크에 매달아서 수납.

주방 수납은 아직도 실험 중!
물건의 자리는 어떻게 정할까?

전에 살던 집에서 세탁기 위 수납장으로 쓰던 **무인양품**의 조립식 철제 선반을 주방에 설치했습니다. 음식을 하다가 뒤를 돌면 물건을 꺼낼 수 있는 위치. 선반의 간격이나 부속을 재설치해 원하는 대로 만들 수 있어서 어떤 장소에도 메인 수납장으로 활용할 수 있고, 어떤 장소에도 어울리는 간결한 디자인입니다. 믿음직함을 다시금 느끼면서 이 물건에 대한 애정이 늘었습니다. 수납 방법은 한창 모색 중입니다. 우선 전자레인지를 비롯한 가전과 서랍 등을 적절한 장소에 놓고 나면 자연스레 식기는 위로. 이런 상태로 써보고 사용하기 어려운 부분이 생기면 개선하기로 했습니다.

돌아서면 손이 닿는 수납

① 전에 소파 옆에 놓고 잡지를 꽂아두었던 나무상자를 식기함으로 활용. 식기 수납 장소를 여기저기 고민하다가 상자에 모아두니 편리.

② 서랍 안에는 조미료와 건조식품 등을. 싱크대의 조리 공간이 좁아서 조리 도구는 이곳에 수납.

③ 철제 수납의 하나인 철제 서랍. 안은 박스로 나눠서 유통기간이 긴 식재료 등을 보관.

④ 맨 아래는 높이를 높여서 문서파쇄기나 재활용 쓰레기통을 놓았습니다. 철제 선반을 매달아 무선청소기의 충전기를 보관. 2개를 가지고 있는데 하나는 늘 충전해둡니다.

측면활용!

냉장고와 철제 선반 사이에 공간이 있어서 그 양쪽 측면을 활용했습니다. 냉장고에는 자석식 커피필터 홀더와 랩 케이스, 냄비받침, 자루걸레, 청소기 등을 걸어서 수납. 철제 선반의 측면에는 벽걸이식 CD 플레이어와 자석식 트레이에 마스킹테이프, 펜, 가위를 보관합니다.

왜건과 쓰레기통의 배치 문제

전에 살던 집에서 가지고 온 왜건*과 휴지통. 공간을 꽤 차지해서 어떻게 놓을 것인지 생각 중입니다.

• 왜건: 바퀴 달린 선반

여유가 있는 수납

왜건에 비치한 서랍 상단에는 과자와 스펀지 등의 소모품을. 하단 서랍은 새로운 물건을 살 경우를 대비해서 비워두었습니다.

스킨케어는 이곳에서
육아에 많은 시간을 쓰는 탓에 스킨케어는 보다 심플하게. **무인양품**의 화장수를 재빨리 스프레이하고 니베아 썬로션으로 기초화장을 대신. 헤어오일과 클렌징은 코코넛오일을 겸용으로 사용.

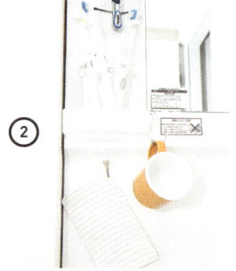

걸어서 건조시키기
사용 후 건조해야 할 컵이나 기저귀용 빨래판 등은 후크에 걸어서 마르기 쉽게.

새로운 세면실의 수납

〈4~5개월〉

전에 살던 집의 비좁았던 세면대와 비교하면 세면기는 크고 수도꼭지를 잡아당겨 늘이면 샤워기처럼 쓸 수 있어 감동. 세면대 위의 수납장은 문이 없어서 지저분해 보이지 않는 용기를 골랐습니다.

문 안쪽에도 걸어서 수납
문 안쪽에 **무인양품** 아크릴 연필꽂이를 붙여놓고 안경을 보관. 화장품 파우치도 후크로 걸어서. 3M 코맨드 테이프로 붙여두면 나중에 깨끗하게 뗄 수 있습니다. 세수할 때 여기에 안경을 꽂아두고 옆에 있는 화장품 파우치를 꺼내 사용합니다.

세면대 아래에는 여분의 세제 등을 모아서 **이케아 박스**에 수납.

콘택트렌즈와 팩 등도 여기에.

이전 집에서 세탁기 위에 설치했던 조립식 선반은 크기가 맞지 않아서 주방으로 이동. 대신 빨래 건조봉이 달린 적당한 크기의 선반을 인터넷에서 찾아냈습니다. (야마자키실업 주식회사*)

세제는 옮겨 담기
왼쪽부터 산소계표백제, 섬유유연제, 산소계표백제+세탁세제를 섞은 기저귀용 세제. 맨 오른쪽 통은 분말 세탁세제.

등나무 트레이에 수납
선반에 등나무 트레이를 놓고 드라이기와 손수건. 손수건은 잊기 쉬워서 현관에 놓을 곳을 찾는 중. 현재는 현관에서 가까운 세면실에 일단 두었습니다.

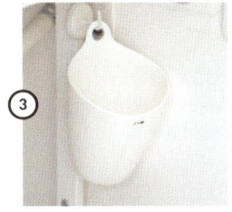

작은 휴지통을
사용한 티슈와 면봉, 다 쓴 콘택트렌즈 등 세면대에서는 작은 쓰레기가 많이 나옵니다. 걸어둘 수 있는 용기를 쓰레기통 대신 선반에 매달았습니다. 아래에 두는 것보다 닿기 쉽고 청소하기도 쉽습니다.

호스 문제 해결!
세면실에 속옷을 수납하고 싶어도 세탁기 배수 호스가 걸려서 그 공간에 서랍을 놓을 수 없었습니다. 그래서 널빤지를 잘라 접착제로 고정해 간이 ㄷ자 선반을 만들었습니다. 호스 위를 덮어 서랍 받침으로 삼았습니다.

빨래 바구니
이전부터 빨래 바구니로 쓰던 이케아의 비닐백. 접을 수도 있고 펼쳐서 세울 수도 있는 유용한 물건.

새로운 세탁실의 수납
〈4~5개월〉

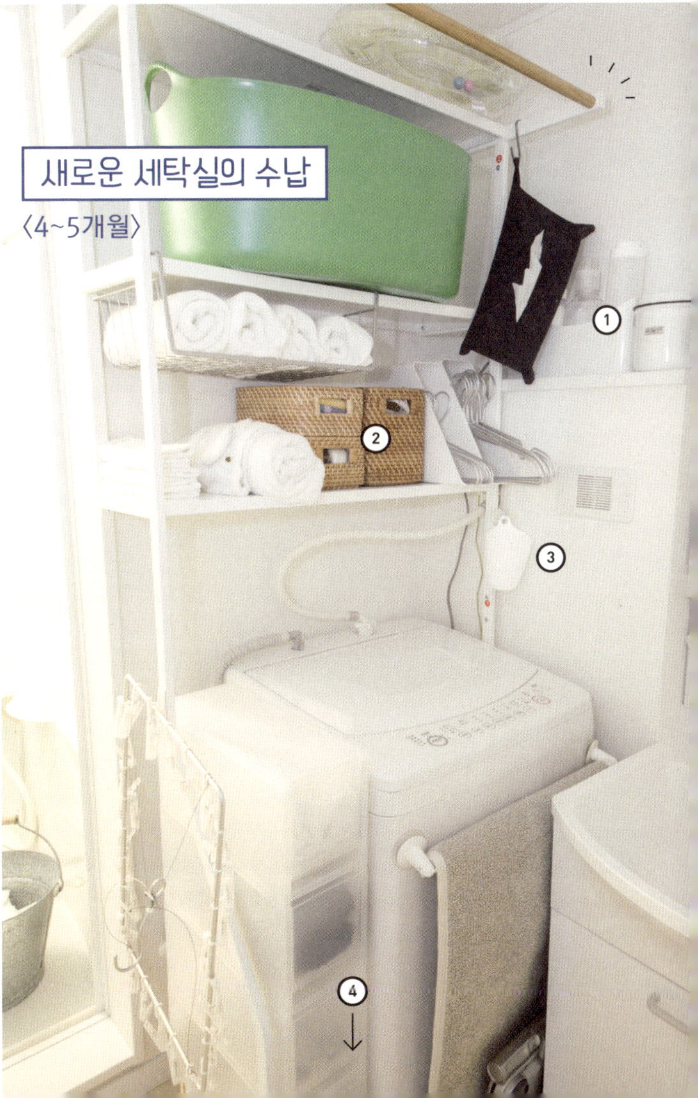

육아와 수납, 제품 선택
〈4~5개월〉

육아의 부담을 줄여주는
물건 관리와 효율적인 수납이란?
그것은 동시에 자녀가 있건 없건
쾌적하게 생활할 수 있는 수납법입니다.

이사한 후 생활공간은 10㎡가 늘었고 수납공간도 커졌습니다. 하지만 그곳을 꽉 채울 필요는 없습니다. 수납공간이 많다고 홍보하는 집들을 보았지만, 많은 수납공간에 많은 물건을 넣어두면 제대로 파악하기가 어려우므로 수납공간을 채우는 일에는 주의가 필요합니다.

　중요한 것은 무엇을 가지고 있는지 파악할 수 있고 관리가 어렵지 않은 물량입니다. 집이 넓어졌어도 파악할 수 있는 물량과 관리능력은 이전과 똑같습니다. 게다가 육아로 바빠져 그 능력마저도 제대로 발휘할 수 없게 되었습니다. 그래서 '전체 물량을 일정하게 유지해서 넘치지 않도록 할 것'과 '그러기 위해서 정리와 관리를 소홀히 하지 않을 것'을 항상 염두에 두고 싶었습니다.

　그렇지만 아이의 물건은 점점 늘어갈 것입니다. 그래서 새로운 물건이 들어와도 제자리를 만들 수 있는 여유 있는 수납이 필요합니다. 사용하고 싶은 물건을 금세 꺼낼 수 있고 육아와 집안일을 단시간에 끝낼 수 있게 도와주는 수납, 그리고 원활한 동선과 물건을 제자리에 정리하기 쉬운 수납법이 필요합니다.

　결국 육아를 하기 쉬운 수납의 구조는 아이가 있건 없건 생활하기 편한 집 만들기이고, 쾌적하게 살기 위한 방 만들기와도 관련이 있다고 생각됩니다.

침실 문틀에 아기띠를 걸어서 수납. 부피가 큰 물건도 걸어두면 장소를 차지하지 않습니다. 주변에 던져두지 않고 간단히 걸어둘 만한 적절한 위치를 찾는 게 중요.

아기옷 〈4~5개월〉

이때는 기저귀를 갈기 쉬운 바디슈트를 밤낮으로 입었습니다. 속옷으로는 유니클로의 탱크톱을. 오른쪽 2벌은 세일이 잦은 baby GAP 제품. 가지고 있던 턱받이는 무늬가 있어서 무늬가 없는 옷에 잘 어울렸습니다. 왼쪽 두 벌은 KISETTE(이세탄*) 제품. 외출 시에는 반바지를 겹쳐 입힙니다.

아기옷 수납 〈4~5개월〉

아기옷을 적게 사서 세탁기로 자주 돌리고 침실 벽장 안의 수납걸이에 보관했습니다. 가운데에 아기옷을 넣고 하단에 속옷과 턱받이를. 가족의 옷이 전부 이 안에 있어서 빨래를 정리해서 넣기가 편리합니다.

침실의 벽장(→ p.91)

한눈에 반했던 바구니

기저귀를 천과 종이 모두 준비해서(p.102) 기저귀 용품이 늘었습니다. 스킨케어 용품도 모아서 한곳에 보관하고 싶었는데 집에 있는 바구니가 작아서 la kagu*에서 발견한 대나무 바구니를 구입했습니다. 넓은 데다 낮아서 꺼내기 쉽고 방에 그냥 두어도 부담이 되지 않는 모양도 결정 요소였습니다.

젖었나? 기저귀 갈아야겠네.

↓

아기 돌보기

아마존(amazon)에서 흰색 천 기저귀 10장과 벨트가 달린 아이보리 기저귀 커버를 구입했습니다.

천기저귀를 쓰기 시작하다

기저귀는 제 피부로 느끼기에도 감촉이 좋은 소재였으면 했습니다. 그래서 아기 피부에 좋은 천기저귀에 관심이 있었습니다. 육아에 익숙하지 않던 출생 직후에는 잠시 동안 종이기저귀를 썼지만, 아기의 피부가 약해서 기저귀 발진이 생겼는데 천기저귀를 썼던 경험자 3명으로부터 '생각보다 힘들지 않다'라는 말을 들어서 아이가 2개월이 됐을 때부터 천기저귀를 쓰기 시작했습니다! 천기저귀 위에 헌 옷을 잘라 대놓으면 대변을 처리하기 쉽다고도 들어서 한 걸음 더 용기를 냈습니다.

실제로 천기저귀를 써보니 듣던 대로 그다지 어렵지 않았습니다. 발진은 결국 대변을 찔끔찔끔 싸기를 멈출 때까지 다 낫진 않았지만, 아기를 보다 많이 살피게 되니 이게 바로 천기저귀의 장점인가 싶었습니다. 무리하고 싶지는 않아 야간과 외출 시에는 종이기저귀를 병행해서 썼습니다.

젖은 기저귀는 용기에 놓고,

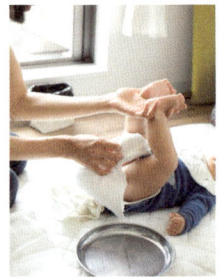

↓

세 겹으로 접은 기저귀를 커버 위에 흐트러지지 않게 잘 놓습니다.

↓

엉덩이를 감싸니 기분이 좋아진 듯!

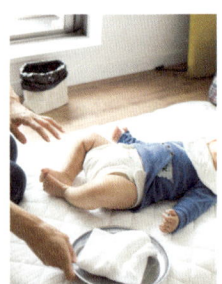

기저귀 접는법 〈 4 ~ 5 개월 〉

※ 접는 방법은 아기의 성장에 따라 다르게 할 수 있습니다.

손으로 평평하게 편다.

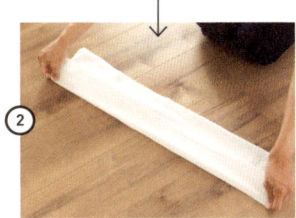

세로로 삼등분해서 접는다.

한쪽 끝을 반대로 조금 접는다.

반으로 접는다. 사용할 때는 이대로 기저귀 커버 위에 놓는다.

보관할 기저귀는 한 번 더 접어 작게.

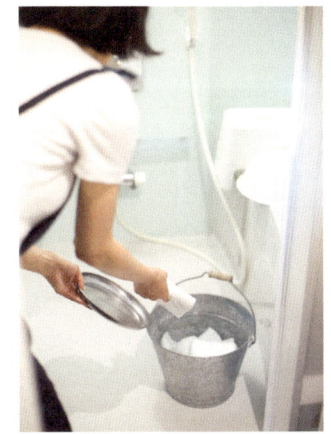

사용한 기저귀는 산소계표백제와 세탁세제를 섞은 양동이 물에 담가둡니다.

오른쪽 : 소변 기저귀를 담그는 통
왼쪽 : 대변 기저귀 통. 낮에는 욕실에 둡니다.

베란다 난간에 **이케아**의 '안토니우스 빨래건조대'를 걸고 기저귀를 말립니다.

두 번째

유모차 선택의 조건

아기띠와 마찬가지로 종류가 다양해 하나하나의 기능을 비교해야 하는 유모차는 선택을 하기 어려운 품목 중의 하나입니다. 남편이 나서서 정보 수집을 해준 덕분에 임신했을 때 유모차 브랜드가 모여 있는 다이칸야마에 가보았습니다. 4번이나 다이칸야마를 다녀오니 아기가 어느덧 4개월. 계절도 그렇고 바깥에 나가고 싶어 할 때였습니다.

최종적으로 고른 것은 프랑스 브랜드인 **베이비젠 요요**(BABYZEN yoyo)*였습니다. 만족할만한 조건을 다 채우기도 했고, 파리에 출장을 갔을 때 많은 사람들이 사용하고 있는 것을 보고 '괜찮나 보다' 생각했습니다.

이 유모차 덕분에 매일 산책하는 것이 즐겁게 느껴졌습니다. 눈앞에 펼쳐지는 풍경을 즐기는 아이와 마음에 드는 유모차에 만족하는 나. 돌아오는 산책길에 아이가 잠들어 있으면 깰 때까지 공원 의자에 앉아 편의점에서 산 커피를 느긋하게 즐겼습니다. 집에 돌아와 유모차에서 아이를 꺼내면 늘 깨버리니 나의 시간을 조금이라도 확보하려는 자구책이었습니다.

디자인만 보고 고르지 않아서 다행이었다고 생각하며 행복한 산책 시간을 가졌습니다.

내가 유모차를 선택한 조건

- 엘리베이터가 없어서 지하주차장에 있는 차에 보관할 수 있어야 할 것. 주차장 구조상 뒤 트렁크를 열 수 없어서 보조석 발치에 놓을 수 있는 것.
- 차를 고를 때와 마찬가지로 좋은 디자인 이어야 할 것.
- 짐을 실을 수 있는 것.
- 밀기 쉬운 것(이 조건 때문에 **에어버기**(airbuggy)*를 살까 잠시 망설이기도).
- 접어서 들었을 때 너무 무겁지 않은 것.

4~5개월 된 아기와 외출하기 위한 세트
종이기저귀와 물티슈(뚜껑 달린 것)를 넣은 파우치, 알코올 항균시트, 바디크림, 갈아입을 옷 세트와 턱받이 2개를 넣은 주머니, 보조 에코백 등을 모두 배낭에. 배낭과 파우치에 고리를 달아 두면 여닫기 쉽습니다.

삼단으로 접으면
이렇게 작아집니
다. 어깨에 멜 수
도 있습니다.

①

핸들을 쥐고 앞으
로 세게 흔들면

②

확 펼쳐집니다.
yoyo는 장난감
요요를 가지고 노
는 것처럼 펼쳐진
다는 의미로 붙여
진 이름이라고.

③

접어서 좌석의
발치에 쏙 넣습
니다.

④

여기도 아기의 방으로
차의 뒤 트렁크에 기저귀 용품 세트를 상비. 어디서든 기저귀를
갈거나 아기띠에서 꺼내 눕히는 등, 아기 방처럼 쓸 수 있습니
다. 물론, 안전한 장소에 정차시킨 뒤 어른이 가깝게 다가서서.

🕐 생후 4개월의 하루 일정표

아기보다 조금 일찍 일어나 나의 아침식사와 집안일을 합니다.

이사 후 일단 수납했던 것들도 살면서 불편을 느끼면 바로 바꿨습니다. (예 : 남편의 속옷 수납 장소, 턱받이 수납 장소)

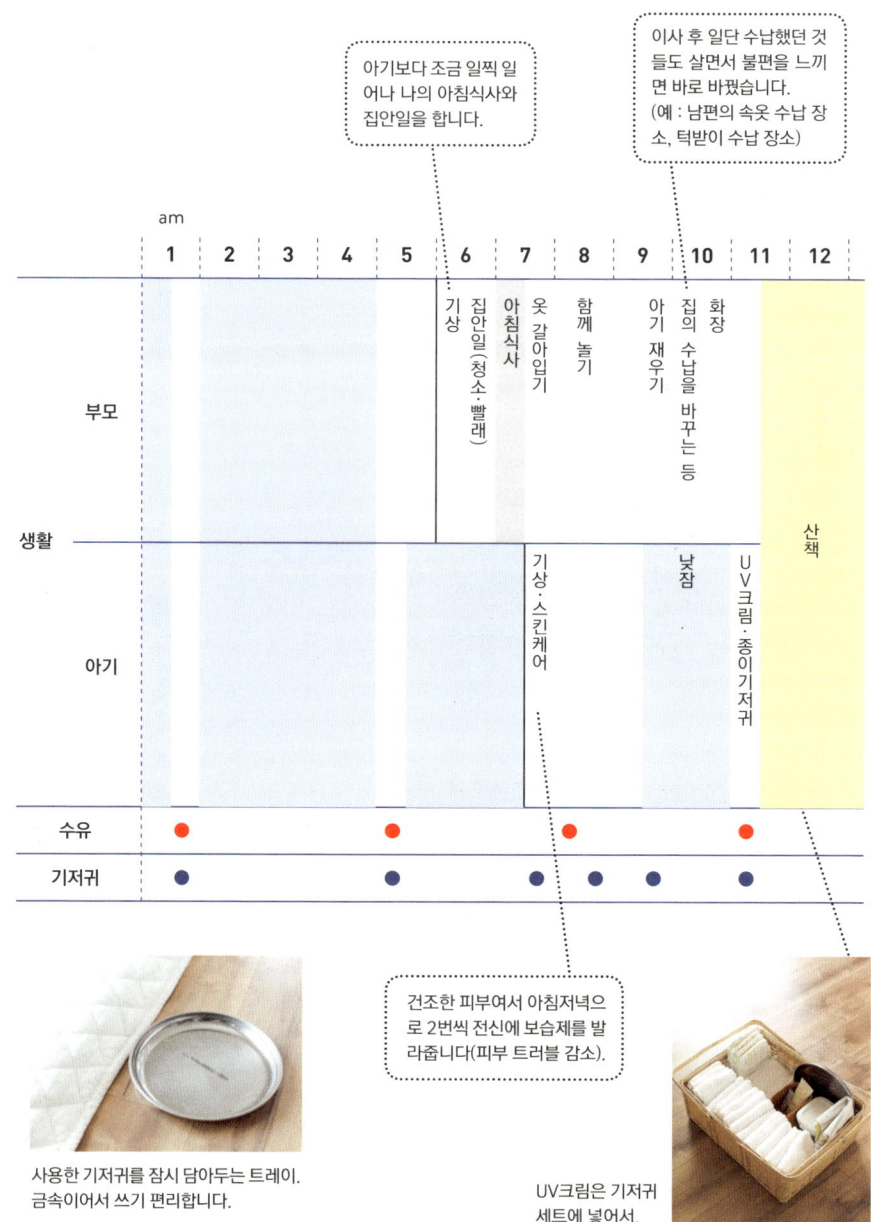

	am 1	2	3	4	5	6	7	8	9	10	11	12
부모 생활						기상 / 집안일(청소·빨래)	아침식사	옷 갈아입기 / 함께 놀기	아기 재우기	집의 수납을 바꾸는 등 / 화장		
아기							기상·스킨케어			낮잠	UV크림·종이기저귀	산책
수유	●				●			●			●	
기저귀	●				●		●	●	●		●	

건조한 피부여서 아침저녁으로 2번씩 전신에 보습제를 발라줍니다(피부 트러블 감소).

사용한 기저귀를 잠시 담아두는 트레이. 금속이어서 쓰기 편리합니다.

UV크림은 기저귀 세트에 넣어서.

'식빵 사 오기' '지원센터 견학' '도서관에서 책 빌리기' '돌아오는 길에 음료수 사 오기' 등, 어떤 한 가지 목적을 정하고 산책에 나섭니다. 점점 더워지면 외출하는 시간을 바꿀 예정입니다.

하루 중 가장 편안한 시간대. 남편과 함께 소파에서 각자의 시간을 즐기는 어른들만의 느긋한 시간.

pm 1	2	3	4	5	6	7	8	9	10	11	12
	컴퓨터 업무		세탁물 정리 / 아기 재우기	슈퍼에 가서 장보기	저녁식사 준비	빨래(2회)	저녁식사 / 아기 재우기	정리 · 빨래널기(남편)	자유시간(독서 · 인터넷)	취침	
낮잠			낮잠		낮잠	목욕	취침				

쾌적한 침구에서 쌔근쌔근 낮잠 중….

107

육아
리얼 취재 ②

고바야시 미키코 씨

PROFILE

오가닉 코튼 가게에서 일한 경험이 있는 미키코 씨. 상품이었던 천기저귀에 익숙해 빨래가 잘 마르는 여름부터 사용하기 시작했습니다 (아기가 6개월 즈음이었을 때). 가족 구성은 미키코 씨, 남편, 아들(취재 시 6개월) 3인. 집은 1LDK 구조.

미키코 씨와는 부부가 서로 친구 사이인 지인 가족. 집도 가깝고 아이도 비슷한 시기에 태어나 같은 고민을 나누는 친구로서 서로 의지했던 관계. 이즈음의 뜨거운 화제는 이유식이었습니다. "먹으려고 하면 잠들어버리거나 식욕이 없거나 해." "맞아! 앞으로 횟수도 식재료도 늘 텐데 메뉴는 어쩌고."

가령 해결책이 없어도 이런 대화를 나누는 것이 얼마나 의지가 되었는지 모릅니다.

물건에 대한 사고방식도 '웬만해선 물건을 늘리지 말자' '아기 전용 용품보다는 대용품으로' 등 공감으로 가득합니다. 그러나 꼭 필요한 건 정말 쓸모 있는 것으로 구입하는 미키코 씨. 유모차 구입도 '버스를 타고 다니니까 접기 쉽고 가벼운 것' '커버를 물세탁 할 수 있는 것' 등, 부부가 함께 고민하는 모습을 보고 멋지다고 생각했습니다. 다만, '커버는 의외로 세탁할 필요가 없을지도'라고 조언하자 그 조건을 제외하는 방향으로…. 앞질러 걱정해봤자 의외로 그 일이 닥치지 않거나 생각지도 못했던 일들이 곧잘 생기는 육아. 그래서 여러 경험을 나누고 정보 교환을 하는 것이 커다란 도움이 된다는 것을 몸소 경험하는 나날이었습니다.

고바야시 씨가 추천하는 아기용품 베스트 3 — 대활약!

① 뱀부(대나무 펄프) 소재의 속싸개
아덴아나이스*의 흰색 속싸개. 수유용 덮개, 이불, 햇빛가리개, 기저귀 교환 시트로도 활약하는 만능 아이템!

② 바운서
친구에게 빌린 베이비뵨*의 바운서. 처음에는 싫어하는 눈치더니 지금은 좋아합니다.

③ 파카형 목욕가운
천연 면 소재의 부드러운 목욕가운. 쏙 입히기 쉬워 유용하게 사용했습니다.

Q 아기가 낮에 머무는 곳은?

거실에 단열시트와 온열 카펫을 겹쳐서 그 위에 카펫을 깔고 낮 시간을 보내는 장소로 삼았습니다. 놀이매트는 모양새가 맘에 들지 않아서 '아동용 다다미'를 살까 검토 중.

Q 아기가 저녁에 자는 곳은?

부부의 싱글 베드 두 개를 붙이고 엄마 옆에 아기 침구를 깔았습니다.

모빌을 달아 빙글빙글. 바람에 흔들리면 어른들도 즐겁습니다.

야간 수유에 켜는 조명. 빛이 강해서 거실 쪽으로 돌려 직접 비추지 않도록.

Q
아기용품 수납은
어떤 식으로 하는지?

바구니가 편리
원래 오래된 물건을 좋아해서 고물상에서 마음에 드는 것을 사거나 지인들에게 물려받아서 썼습니다. 이 기저귀 바구니도 버리려는 것을 얻어서 사용하고 있습니다.

그림책은 바구니에. 아직 몇 권 되지 않아 공간은 충분. 장난감은 코튼 바구니에.

동선을 고려해서
거실에서 침실 미닫이문을 열면 바로 앞에 침대가. 침대 아래에 서랍을 넣어서 거실에서 금세 꺼낼 수 있는 위치에 아기 옷을 두었습니다.

대활약! 고바야시 씨의 마음에 쏙 든 아기옷 베스트 3

① 데니무호(天衣無縫)*의 턱받이
깨끗한 흰색이어서 사랑스럽고 어깨를 끼우는 타입이라 절대로 흐트러지지 않습니다.

② 아카스구(赤すぐ)*의 갈아입히기 편한 신생아 반팔 바디슈트
벗기기가 매우 간편합니다. 아기옷은 싫증이 나지 않는 기본적인 디자인이 좋습니다.

③ 유니클로의 메쉬 탱크톱
더운 날 입혀서 조금이라도 시원하게. 아기가 금방 커서 입힐 수 없게 되므로 비싸지 않은 것으로 구입.

체구가 작은 일본인에게 맞는 아기띠

CUSE BERRY * 아기띠는 체구가 작은 일본인에게 딱 맞는 일본산 제품. 강도나 체중의 분산도 잘 고려해서 '아빠가 사용해도 스타일리시한' 점을 테마로 했다고. 배색이 다채롭고 지인들에게 출산 선물로도 인기가 높습니다. 작게 수납할 수 있는 점도 포인트.

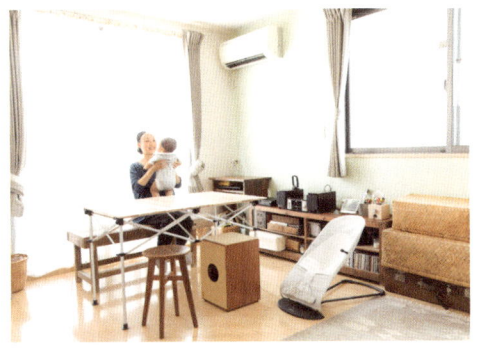

고바야시 씨의 일정표

6:00	가족 전원 기상
7:00	남편의 도시락 만들기 빨래, 청소
9:30	이유식 준비 아기 식사
11:30~ 13:00	아기 낮잠
14:00	산책과 장보기
15:00~ 16:30	아기 낮잠 저녁식사 준비
19:00	아기 목욕
20:00~ 20:30	아기 재우기
23:00	부부 취침 밤중에 1~2회 수유

집안일에 관한 작은 연구

이유식은 한꺼번에 만들어 소분해서 냉동해둡니다. 채소 등 종류별로 지퍼백에.

엑셀로 만든 가계부와 아기에게 줄 이유식 메뉴를 냉장고에. 눈에 띄는 장소에 두면 기입하는 것을 잊지 않습니다.

우리들의
육아!

Q17 사용하는 아기띠와 유모차는?

- **에르고*** (S·N 씨, E·K 씨, F·K 씨, C·M 씨, 다카나시 씨, K·Y 씨, 아사노 씨)

- CUSE BERRY* (고바야시 씨)

- **시로쿠마도**(しろくま堂)*의 슬링, 목을 가누기 전에는 **베이비뵨***의 클래식한 타입. (S·N 씨)

- **바바슬링***, **베이비뵨*** (오리지널 Air) (A·K 씨)

- **베이비뵨*** ONE, **보바랩*** 아기띠 (C·T 씨)

- 일본식 포대기 **온부모코**(おんぶもっこ)*, **아코아코**(akoako)*의 슬링 (다카나시 씨)

- 5개월까지는 **베이비뵨**, 이후에는 **에르고** (M·S 씨)

- napnap* (아사노 씨)

- **아프리카**(Aprica)*의 매지컬에어 (E·K 씨, M·S 씨)

- **콤비*** (S·N 씨)

- **에어버기***와 **지프**(Jeep)의 B형을 병용
  (Jeep는 미세한 회전이 자유로워서)

- **콤비, 아프리카**의 높은 의자형
  (개폐는 다소 뻑뻑해도 키가 큰 사람에게 좋습니다) (C·M 씨)

- **피죤**의 Runfee ef* (M·S 씨, 다카나시 씨)

- **베이비젠 요요*** (C·T 씨)

- **아프리카**의 스틱(STICK)
  (친구에게 빌린 것. 현재 구입할 유모차를 검토 중) (고바야시 씨)

- **카토지***의 조이(Joie) 에어스킵(Aireskip) (K·Y 씨)

- **맥클라렌**(MACLAREN)*, **퀴니**(Quinny)*의 Yezz (아사노 씨)

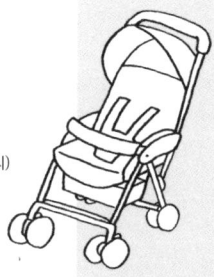

5장

6 ~ 7개월

뒤집기

낮 시간의 아기 공간
캠핑용 슬리핑 매트와 한국 이불을 겹쳐서 푹신하게 만든 아기의
공간. 조금 두께가 있고 촉감도 좋은 면 소재 누비이불. 귀엽기도
하고 통째로 빨 수도 있고, 잘 말라서 이부자리와 러그, 소파 커
버 등의 다양한 용도로 쓰입니다. 그 아래에는 예전부터 가지고
있던 캠핑용 슬리핑 매트로 푹신함을 더했습니다.

다이닝 테이블 구입 검토 중
아웃도어용 테이블 2개를 가
지고 물건을 놓는 용도와 일을
하는 책상으로 공간을 확보했
습니다. 이런 임시방편 상태로
어느 정도 크기의 테이블이 필
요한지 알 수 있습니다.

6개월에 접어들자 몸을 뒤집는 통에 아기가 이부자리 밖으로 나가는 일이 많았습니다.
공간을 넓히고자 침낭 밑에 까는 캠핑용 매트를 이용했습니다. 2장을 나란히 놓고 그
위에 누비이불을 깔면 그럴듯한 푹근함이. 어른도 함께 데굴데굴 구르면서 쉴 수 있는
공간이 탄생한 것입니다.

하지만 아이는 또 밖으로 굴러 나왔습니다. 시범적으로 누빔으로 된 러그를 사서 거
실에 깔아보았지만 한쪽이 더러워져서 세탁을 하려고 하니 그것도 엄청난 일! 깔았던
것을 금방 거뒀습니다. 기어 다니기 시작하자 바닥에 관해서는 일단 보류 중입니다.

또한 소파에서 맞은편 아기에게 가는 동선을 살펴보았습니다. 중간에 낮은 테이블

육아와 공간 만들기
〈6~7개월〉

을 넘어서 가곤 했는데, 계속 신경이 쓰였습니다. 그래서 테이블을 벽에 붙이고 소파와 아기가 있는 곳을 훤히 터 보았습니다. 식사할 때는 부부가 벽을 향해 먹게 되어 좀 우스꽝스러웠지만 휴대용 TV를 벽에 세워놓고 볼 수 있어 그리 불편하지는 않았습니다. 바운서에 앉은 아기를 어르면서 가족이 한데 모여 오붓하게 식사를 할 수 있었습니다.

원래 식탁이 있어야 할 자리에도 캠핑용 테이블을 하나 더 갖다 놓았습니다. 작은 테이블 하나로는 물건을 놓는 기능과 사무용 책상으로써의 기능을 모두 할 수 없기 때문이었습니다. 하지만 접이식인 캠핑용품만으로는 글을 쓰는 일에 적합하지 않았습니다. 업무 공간을 위한 본격적인 검토에 착수했습니다.

뒤집기 시작한 아기의 침실 꾸미기

어른의 싱글 이부자리 두 채를 가지고 세 사람의 잠자리를 만들었습니다. 아침 일찍 일어나야 하는 남편의 잠을 깨우지 않도록 아이와 거리를 두고 가운데에 제가 자기로 했습니다. 좁다는 생각에 아기 이불을 덧붙였지만, 아이가 뒤집기를 하다 이불 사이 틈으로 빠져 우는 통에 자다가 깼습니다. 쿠션이나 수건을 말아 틈을 메웠지만 너무 번거로우니 이 부분은 이제부터 고민해야 할 과제이기도 합니다.

성급했다...!

수유 조명(충전식으로 들고 다닐 수 있음)과 아기를 재울 때 읽어주는 그림책 놓을 자리가 필요해서 **이케아**에서 베드사이드 테이블을 구입. 바닥 청소를 하기 쉬운 다리 높이와 압박감이 없는 유리판이 선택 이유. 하지만 '조금 크면 유리 위에 올라갈지도…!'. 그런 생각을 하지 못하고 활발하게 돌아다니기 전에 모르고 사버렸습니다. 당장 치웠는데 잠시 드레스룸에 보관하다가 필요한 사람에게 주기로. 그림책과 조명은 거실에 두고 잠잘 때 가지고 오는 것으로. 아무것도 없는 침실로 다시 태어났습니다. (LED조명/무인양품)

육아용품을 모아서 수납

아기가 커가며 점점 많은 양의 침을 흘려서 온종일 몇 번이고 턱받이를 갈아줘야 했습니다. 쉽게 꺼낼 수 있는 수납법으로 뚜껑이 없는 아이템이 안성맞춤이었습니다. 장난감 수납과 똑같이 F/style*의 헝겊 바구니(p.65 참조) 중에 작은 크기를 골라서 턱받이를 보관했습니다. 턱받이 수납장소도 벽장에서 아기가 있는 곳으로 옮겨왔습니다.

침실

5개월까지…

거실

아기옷의 수납

예전에는 침실 벽장 안에 보관했던 아기옷과 속옷을 거실 수납장으로 옮겼습니다. 아기옷은 거의 거실에서 갈아입히기 때문에 가지러 가는 동선을 줄인 것입니다. 그런 경우, 수납장을 늘리면 내용물도 따라 늘어나는 법이어서 작은 서랍을 골랐습니다.

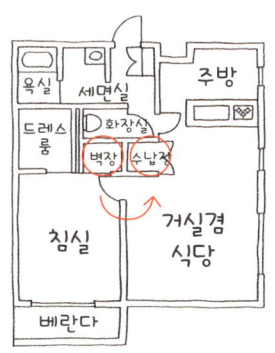

117

육아와 제품 선택

〈6~7개월〉

한겨울에 태어난 아이가
여름을 맞이해 계절과 성장에 따른
옷과 물건, 장난감이 늘었습니다.

이 시기에 산 것은 모두 다 미리 사지 않고
필요한 순간이 오면 구입한 것입니다. 모
자가 품귀현상을 보이기도 했지만 '사놓
고도 쓰지 않는' '크기가 맞지 않는' 물건
하나 없이 전부 요긴하게 썼습니다. 임신
중에 샀던 물건(주로 파리에서) 중 전혀 쓰지
못한 뼈아픈 경험을 되새겼던 것입니다.

이 시기에 구입해서 보충한 물건들

아기용 모자
날이 본격적으로 더워질 때 찾아 나
섰더니 벌써 물건이 다 팔리고 없었
습니다. 어떤 옷에도 어울리는 무지
(무늬 없는 것)가 없어서 차분한 문양의
SHIPS KIDS*의 모자를 선택했습니
다. 매직테이프로 끈 조절이 가능한
점이 편리합니다.

바디슈트
선물 받은 쁘띠바또(PETIT BATEAU)*
의 바디슈트. 실내에서는 이 한 장으
로 지냈고, 추울 때는 내의로도 활용
했습니다.

내의
친구가 추천한 유니클로의 메쉬 이너
바디슈트. 통기성이 좋고 시원해서 아
기가 좋아했습니다. 여름 내의로 4장
을 구입해 번갈아 입혔습니다.

젖병
완전 모유 수유를 했지만 다른 사람
도 돌볼 수 있게 분유도 시작했습니
다. 처음에는 잘 먹지 않았지만 젖병
을 피죤*의 '모유실감'으로 바꾸자 아
기가 먹기 시작했습니다. 빨대컵으로
물을 마시는 연습도.

기저귀 교환 매트
기저귀를 가는 중에도 뒤집으려고 해
서 가끔 바닥에 배설물을 흘리기도.
아카짱혼포*에서 일회용 기저귀 교
환 매트를 발견하고 무른 변을 볼 때
깔고 기저귀를 갈아줍니다. 외출용 세
트가 2매씩.

오볼(Oball)*
거리에서 유모차를 타고 있던 아기들
이 너나 할 것 없이 가지고 있어서 '이
건 꼭 사줘야겠구나' 하는 마음으로 구
입. 아직 손놀림이 자유롭지 못한데도
가지고 놀며 좋아해서 보고 있으면 덩
달아 기분이 좋아집니다. (Kids II*)

여름의 육아

〈더위와 모기 대책〉

아기가 겨울에 태어나서 처음엔 추위 때문에 걱정했지만, 외출의 즐거움을 알 때쯤 날이 따뜻해지는 장점도 있었습니다. 다만, 여름철에는 더위와 모기에 대한 대책을 세우는 것이 중요! 특히 벌레에 물리지 않게 고민했습니다.

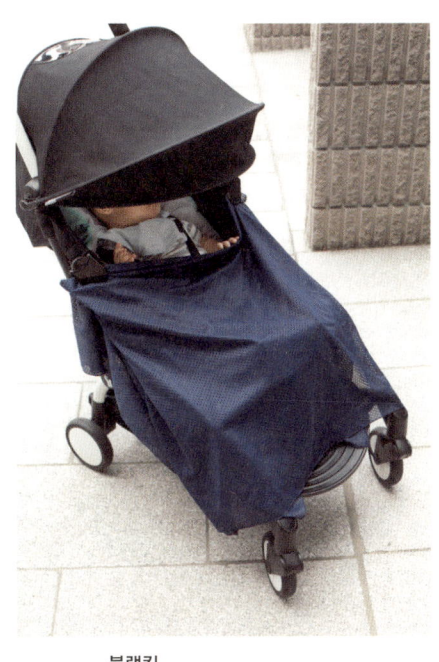

아기띠로 외출할 때는 아기띠 주머니에 보냉제를 넣어서 시원하게.

블랭킷
방충 가공이 된 **노스페이스**의 블랭킷. 피부가 약한 아기가 모기에게 물리지 않도록 찾아낸 것이 바로 이것입니다. 생각했던 것보다 비쌌지만 덕분에 한여름에도 모기에 물리지 않았습니다. (Bagfree Blanket/THE NORTH FACE)

벌레기피제
박하오일을 벌레기피제로. 유해한 살충 성분이 들어가지 않아서 안심.

엄마도 자외선차단 대책을
햇볕에 잘 타는 저에게 팔 토시와 자외선차단제는 필수. 양산은 아기에게도 햇빛 가리개로.

추가 팁!

손님이 맛있다고 평가해준 루이보스차. 밤에 냉장고에 넣어두면 다음 날 수분보충을 하기에 손색이 없습니다. 따뜻한 물을 섞어서 빨대컵에 담아 아기에게도 먹였습니다.

육아와 살림

〈6~7개월〉

이유식 때문에 주방일이 늘어나
즐겁게 일할 수 있는 주방 만들기가
과제가 되었습니다.
유모차를 끌고 나가 장을 보는 일은
엄마와 아기의 휴식시간이 되기도 했습니다.

6개월에 접어들면서 이유식을 시작했습니다. 수유와 이유식으로 시간을 빼앗겨 온전한 내 시간을 갖는 일은 더욱 소원해졌습니다. 설거지 양도 늘어 주방 일에 신경을 써야 할 필요가 있었습니다.

청소에 관한 책을 보다가 어떤 사람이 싱크대 배수구를 매일 밤 씻어서 말려두는 것을 보았습니다. 그 얘기에 끌려서 흉내를 내보았지만 일이 너무 많아져서 그만두고, '자기 전에 싱크대와 배수구 닦기'만 행동에 옮겼습니다. 이런 새로운 습관으로 다음 날 아침 이유식을 상쾌하게 준비할 수 있었습니다.

출산 후의 장보기

유모차를 손에 넣기까지는 아기띠를 메고 산책을 겸해서 근처의 슈퍼에서 식재료를 샀습니다. 쌀이나 기저귀 등의 무거운 것은 인터넷으로 주문했습니다.

이사를 와서 유모차를 사용하게 되면서 도보로 15분인 역에 산책 겸 외출을 시작했습니다. 새로운 상업시설이 생겨서 서점과 꽃가게를 구경하며 장보기를 즐겼습니다. 다만, 유모차에 앉은 아기가 숙숙 지나가는 풍경을 보며 즐거워하다가도 장을 보면서 꾸물거리면 울면서 떼를 썼습니다. 그래서 항상 아기띠를 메고 다니다가 아기가 울면 유모차에서 꺼내 안았습니다.

낡은 스펀지를 작게 잘라서 일회용 스펀지로 썼습니다. 베이킹소다 비누로 싱크대와 배수구를 깨끗이 닦습니다.

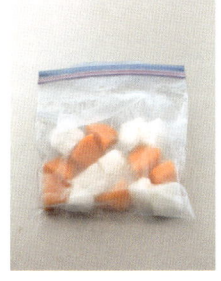

육수로 삶아 으깬 야채와 죽을 아이스트레이에 담아 냉동실에. 야채 조각이 얼면 지퍼백에 담아 보관합니다.

이유식을 시작했습니다!

식사 때마다 조금씩 만드는 것이 힘들어서 일주일 분량을 만들어 냉동해두었습니다. 대개는 아기가 잠든 밤에 만들었습니다. 아기용 식기는 일단 집에 있는 것으로. 양념을 담는 작은 그릇과 작은 스푼으로 바운서에 앉혀둔 아기 입에 넣어줍니다. 아기 새가 쪼듯이 먹는 모습은 정말 사랑스럽습니다.

냉동한 죽과 야채 조각을 하나씩 용기에 담아

↓

전자레인지에!

↓

저어서 온도를 맞추면 완성!

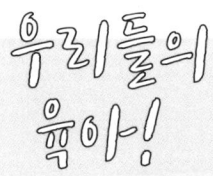

우리들의 육아!

Q18 육아 고민과 불안,
스트레스의 해결 방법은?

육아맘들과 얘기를 하거나 들어주면서 혼자만의 고민이 아니라는 것을 실감하면 걱정이 해소됩니다. 친정 부모님에게 손자를 맡기고 혼자만의 시간을 보냅니다. (F·K 씨)

가족, 친구와 얘기 나누기. 남편에게 마사지 받기. 혼자 목욕하며 스크럽하기. 아기의 발뒤꿈치 만지기(배 속에 있을 때 발로 차던 생각이 나서 기분이 누그러집니다). (다카나시 씨)

근처에 있는 조산소에 가서 아기 마사지를 배우고 조산사 선생님에게 고민을 상담하거나 친정어머니, 시어머니, 선배 엄마들에게 여러 가지를 얘기합니다. 같은 월령의 아기가 있는 친구 부부와 외출합니다(아이가 있어도 눈치를 보지 않을 수 있어서 마음이 편합니다). (고바야시 씨)

수다 떨기. (S·N 씨)

아이가 한 번 입원한 적이 있어서 어찌 됐든 건강하게만 자라주었으면 하는 마음이 크다 보니 그 외에는 고민거리로 느껴지지 않게 되었습니다. 아이가 어린이집에 다니고 부터는 걱정되는 부분이 생기면 선생님이나 보건선생님에게 물어볼 수 있게 된 점도 크다고 하겠습니다. 스트레스 해소법은 책을 읽는 것, 커피를 마시는 것, 달콤한 것을 먹는 것입니다. (K·Y 씨)

첫아이 때 밤중에 깨어 우는 통에 너무 힘들었던 기억으로 불안했습니다(훌쩍). 육아 스트레스 해소는 같은 동지(육아맘)에게 고민과 푸념을 털어놓는 것으로! (C·M 씨)

의지가 되는 친구와 서로 얘기를 나눕니다. 혼자만의 시간을 만들어서 카페나 가게에서 맛있는 것을 먹으며 느긋하게 즐기거나 자유롭게 아이쇼핑을 하며 보냅니다. (E·K 씨)

같은 월령의 아이를 둔 엄마들과 모여서 아이들을 놀게 하면서 수다를 떨면 재충전이 됩니다. 출산 후 3개월 정도에 짐볼 체조에 참가해 알게 된 엄마들. 정말 좋습니다! (M·S 씨)

친정에 가서(기차로 한 시간 반 정도 거리) 느긋하게 목욕을 합니다. 달콤한 것도 먹습니다. (C·T 씨)

122

육아와 엄마의 멋내기
〈6~7개월〉

출산 후에 입는 '좋은 옷'이라는 것은
아이를 키우기 편한 옷.
물건을 사러 나가도
자신의 복장에 신경을 쓰는 것이 아니라
아기용품이나 살림살이에만
눈길이 향했습니다.

출산 후는 어쨌든 머리도 몸도 모든 것이 아기를 향해서 자신의 외모에 신경 쓸 여유 따위 없었습니다. 하지만 최소한의 차림새는 성인이면 갖춰야 할 매너이고 제대로 된 생활의 기본자세이기도 합니다. 그 최소한을 실천하기 위해서는 계획과 이론이 필요합니다.

먼저 옷장에서 재빠르게 옷을 고를 수 있게 한눈에 죽 훑기 쉽도록 양을 줄입니다. 값싼 옷을 사서 계속 입거나, 여러 개를 겹쳐 입지 않고 심플하게 입으려고 노력했습니다.

그리고 아이를 키울 때는 '움직이기 쉬운' '세탁하기 쉬운' '수유하기 쉬운' 옷을. 멋있는 옷도 이러한 요건을 충족하지 않으면 입고 있을 수 없었습니다. 또한 아이는 침을 많이 흘려서 남색이나 회색 등 짙은 색 옷은 하얀 얼룩이 남으니 곤란했습니다. 몇 개의 조건으로 압축되니 몇 가지의 옷으로 마음을 정하고 이렇게 저렇게 맞춰 입기로 했습니다.

심플한 스타일로
무인양품의 블라우스는 활동성이 좋은 실루엣으로 일주일에 몇 번이나 입을 정도로 좋아하는 옷. 얇은 소재여서 위로 말아 올려도 부담이 적어 수유하기도 편합니다. **유니클로**의 스트라이프 바지는 시원하고 움직이기 편해 마구 빨아서 헤지도록 입다가 새 옷을 사면서 버렸습니다.

6~7개월의 외출용 세트
파우치에는 물티슈와 종이기저귀 4장(같은 세트를 차에도 실어두었음). 노스페이스의 주머니에 아이가 갈아입을 옷과 오물봉투를 준비했습니다. 그 외에 얇은 이불, 기저귀시트로 사용할 블랭킷, 항균시트, 립크림과 자외선차단제를 넣은 티슈케이스가 달린 파우치, 에코백.

수납의 시행착오는
계속 되고…
이사 후의 변화 〈6~7개월〉

여기도 아니고
저기도 아니고

주방

BEFORE

프라이팬 수납
포개어 수납할 수 있는 **무인양품**의 'PP 수납 선반'을 넣고 4층 높이로 쌓으면 완성. 프라이팬의 손잡이를 비스듬히 넣으면 문도 제대로 닫히고 꺼내기도 쉽습니다.

BEFORE

식기수납
식기를 나무상자에 넣었다가 안이 잘 보이도록 **무인양품**의 와이어 바스켓으로 바꿨습니다. 세 군데로 나누어 왼쪽부터 밥그릇, 접시, 차 세트.

거실

테이프 클리너 수납
테이프 클리너를 거실 수납장 가운데 단에 후크로 매달아 두었습니다. 꺼내서 쓰기 쉽고 정리도 간편합니다.

임시 라벨링을
시행착오를 하며 수납배치를 궁리 중이어서 라벨링도 임시로 붙였다가 뗄 수 있는 스티커로 붙여두었습니다.

세면실 내 간단한 몸단장, 기저귀 애벌빨래, 아기 목욕준비나 엉덩이 씻기기를 하는 곳. 그래서 어떤 일을 해도 효율적으로 재빠르게 할 수 있는 구조여야 하는 게 세면실 수납의 포인트. 관련된 것은 근처에 두고 꺼내기 쉽도록 고안해야 했습니다.

걸이식 수납은 다른 것에도 방해받지 않고 문을 열 필요도 없어 한 번의 동작으로 물건을 손에 넣을 수 있는, 빠른 일처리에 도움을 주는 수납방식입니다.

청소용 세제
물청소는 베이킹소다 비누로 통일했습니다. 향신료 용기에 베이킹소다를 넣고 바로 쓸 수 있도록 선반 위에(세면대 근처) 두었습니다. 스펀지는 구멍을 뚫어서 후크에 걸어 수납. 이 두 가지는 세트로 사용하는 것이므로 항상 나란히 둡니다.

비누의 위치
무인양품의 발포우레탄 비누 케이스 위에 **우타마로*** 비누를. 매일 쓰는 것이니 오픈형으로 진열.

수건은 후크에 걸기
젖은 손을 닦는 수건은 봉에서 자꾸 떨어지면 신경이 쓰이므로 봉에 후크를 고정해 매달았습니다. 박스 티슈는 처음에는 후크에 걸었지만 다른 물건에 방해가 되지 않도록 봉의 끝부분에 매달아 두었습니다.

현관 현관은 가장 많은 시행착오로 수납이 이뤄진 장소였습니다. 이사를 계기로 신발의 수를 줄여서 깨끗하게 정리했지만, 아이의 신발이 늘어갈 것을 고려해 개선의 여지를 두었습니다. 가운데 단에는 신발 닦기 세트와 벌레기피제 등을.

6월 15일 (생후 5개월 3일)
청소에 관한 책을 읽으니 청소를 하고 싶은 마음이 뭉게뭉게 피어났다. 책에 쓰인 방법을 습관화해보기로. 밤에 주방 배수구 망과 커버를 씻어서 말려두기. 할 수 있었던 날은 다음 날 아침도 상쾌. 하지만 무리는 하지 않고 할 수 없는 날은 그냥 두었다.

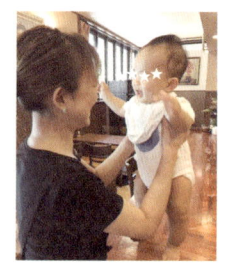

7월 3일 (생후 5개월 21일)
친정어머니와 아들과 셋이서 백화점에 갔다. 어머니가 아들을 봐줘서 나는 '편한 고무줄 바지'를 살 수 있었다. 그러고 보니 어머니와 함께 외출한 것이 몇 년 만인지. 저녁은 백화점 지하에서 좋아하는 도시락을 사서 집에 돌아와 함께 먹었다.

7월 12일 (생후 6개월 0일)
이 책의 촬영이 있던 첫날. 여성으로만 구성된 팀인데 그중 한 분이 계속 아들과 놀아주어서 아들은 무척 기분 좋아했고 저녁에는 평소보다 깊이 잠이 들었다.

6월 27일 (생후 5개월 15일)
아들과 처음으로 가족여행을 갔는데 임신 중에도 갔었던 이바라키현의 **사토우미테이**(里海邸)* 호텔에 가서 푹 쉬었다. 그저 '편안한 시간을 보내자'는 생각에 남편과 차례로 욕조에 들어가거나 바다를 보거나 책을 읽거나 하는… 평소에 할 수 없었던 일상만으로 보낸 1박 2일의 여행. '아, 행복하다'는 말을 몇 번이나 했는지. 아이가 조금 더 크면 바닷가를 산책하러 다시 와야지.

7월 7일 (생후 5개월 25일)
첫 이유식. 10배죽(쌀과 물의 비율이 1 : 10인 농도의 죽)을 작은 스푼으로 먹여보았다. 처음 한 입은 '?'이라는 표정이었지만 곧 숟가락을 쪽 빨면서 잘 먹었다. 일단은 순조로운 스타트를 끊어서 안심.

7월 13일 (생후 6개월 1일)
이유식 종류를 늘려보았다. 죽에 당근 페이스트를 넣어 당근죽으로. 단맛이 늘어서 맛이 있는지 잘 먹었다. 변비가 나아서 바나나도 먹여 보았더니 아무렇지 않게 먹었다. 그리고 오늘 처음으로 낯가림. 처음 보는 남자에게 입꼬리를 늘어뜨리고 "잉~" 하고 울기 시작했다. 인지능력이 생겼다는 증거. 아들의 작은 성장이었다.

7월 9일 (생후 5개월 27일)
출생일이 10일 차이가 나는 아이를 둔 친구 가족이 놀러 왔다. 서로 톡톡 쳐가면서 밀었다가 당겼다가, 울었다가 울렸다가 했다. "많이 컸다"면서 어른들은 동영상을 촬영하느라 여념이 없었다. 이 아이들이 크면 보여주고 싶은 마음에.

7월 17일 (생후 6개월 5일)
친정에서 블렌더를 빌려왔는데 그 편리함에 감동했다! 삶은 호박과 다시 국물이 순식간에 페이스트 상태로. 육아의 굿 아이템이었다. 며칠 전 처음 먹였던 호박은 단맛이 적어서 다시 뱉어내 버렸지만, 이번에는 그것보다 달아서 잘 먹었다. 아무리 어린 아기라도 한 사람의 몫을 하는 어엿한 기능을 가지고 있는 것이다.

8월 8일 (생후 6개월 27일)

처음으로 아들과 둘이서 기차를 타고 시부모님 집에 갔다. 계속 놀아줘서 그런지 기분이 좋아 보였다. 아들과 놀아주시는 것만으로도 나는 편해져서 감사할 따름이었다. 시어머니가 쓰시던 옛날식 아기띠로 등에 업으니 왜 그런지 울기 시작! 육아에 유용하게 쓰이던 것을 손자도 잘 적응해줬으면 하는 마음이셨던 같은데….

8월 10일 (생후 6개월 29일)

시내에서 업무를 마치고 점심을 먹으려고 보니 가게마다 사람이 가득. 금방 먹을 수 있는 유일한 곳이 불고기 가게였는데 좌식(마루식)이어서 아주 편하게 식사를 할 수 있었다. 요즘 외식은 아기를 옆에 눕힐 수 있는 좌식 형태의 자리가 있어야 겨우 먹을 수 있다.

8월 13일 (생후 7개월 1일)

시아버님 생신. 편지를 쓴 종이를 아들에게 쥐게 하고 그 모습을 촬영해서 보냈더니 매우 기뻐하시며 프린트를 해서 걸어 놓으셨다! "마치 ○○(손자이름)가 말하는 것처럼 느껴져서 기뻤다"라고 하시며. 이런 별것 아닌 것으로 기뻐하시니 앞으로도 또 시도해 봐야겠다고 생각했다.

8월 21일 (생후 7개월 9일)

'어른의 여름휴가'라는 요가와 연주를 겸한 이벤트에 참가했다. 출산 후 처음으로 나를 위해 갔던 이벤트. 나의 몸을 점검할 수 있었던 좋은 시간이었다. 나를 방치하고 점점 더 뒷전으로 밀려나는 생활을 해왔지만 가끔은 의식적으로라도 신경 쓰고 살도록 하자.

9월 1일 (생후 7개월 19일)

'내일은 맑음'이라는 날씨예보를 보고 전날 밤에 아기띠를 빨아서 널어두었다. 목욕 후 남은 더운물에 세탁세제와 산소계 표백제를 넣어 세탁기로 돌렸더니 칙칙한 때가 말끔하게 씻겨 기분이 좋다.

9월 22일 (생후 8개월 10일)

처음으로 감기에 걸려 콧물이 줄줄. 숨쉬기가 괴로운지 깊이 잠들지 못하고 울어대는 통에 할 수 없이 같이 깨어 있었다. 휴대용 TV를 켜고 함께 시청. 코미디 방송이 재밌어서 내가 크게 웃자 아들도 즐거워했다. 아기가 뜻대로 잠들지 않는 초조한 마음이 사라졌다. 밤에 깨어서 우는 날의 대처법으로 괜찮았다.

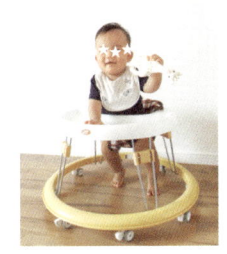

9월 25일 (생후 8개월 13일)

허리를 가눌 수 있어서 보행기를 대여해 태워줬더니 기분 좋게 놀았다. 원하는 곳으로 휙휙 갈 수 있고 시야도 넓어져서 즐거워하는 듯. 그러는 동안 집안일을 할 수 있어서 나도 역시 좋았다. 일단 2개월 대여해서 시험해 보기로.

10월 9일 (생후 8개월 27일)

여름휴가를 가지 못해서 도(都) 내에 있는 호텔에서 1박을 하기로. 침구가 편안하기로 최고여서 그런지 아들은 아침까지 한 번도 깨지 않고 숙면을 했다. 덕분에 좋아하는 드라마를 연속으로 시청할 수 있어서 최고의 휴식시간을 가졌다.

COLUMN ❹

【 아토피의 해결법을 찾고 있습니다 】

아기의 피부발진이 아무리 해도 낫질 않더니 4개월쯤이 되자 가려운지 얼굴을 긁어대기 시작했습니다. 귀도 약간 빨개져서 걱정되는 마음에 소아과에 갔더니 아토피성 피부염이라는 진단을 받았지요. 그때부터 온갖 사이트를 뒤져서 치료약인 스테로이드에는 부작용이 있다는 것을 알았습니다. 그리고 같은 시기에 오랜 시간 발라왔던 스테로이드를 끊고 '탈 스테로이드'를 선택했던 친구의 이야기를 들었습니다. 길게 생각하면 스테로이드는 바르지 않는 것이 나을지도 모른다…. 이렇게 생각한 저는 스테로이드를 끊어 보기로 했습니다.

그러자 약으로 증상을 억제했던 피부는 점점 빨갛게 짓물러 아기는 울며 가려워했습니다. 저는 너무나 고민이 되었습니다. 안타깝게도 어찌해야 좋을지 몰라서 세상이 회색빛으로 보였습니다. 이것저것 조사해보니 앞으로도 피부는 더욱 심해질 것이라는 것도 예고되어 있었죠. 그렇게 생각하자 두려움에 참을 수 없어서 저는 아토피로 하루를 가득 채우다가 그만 아기에게까지 웃는 얼굴을 보일 수 없었고, 예민해진 나머지 초초함이 극에 달해 있었습니다.

그러던 중에 『육아 백과』라는 책에서 '평화공존'이라는 단어를 발견하고 저는 다시 살아난 기분이었습니다. 평화롭게 공존할 수 있다면 지금은 약에 의존해도 괜찮지 않을까 하는 생각입니다. 결국 다시 소아과를 찾아가 치료에 관해 상담하고 '탈 스테로이드'를 10일 정도 만에 그만두었습니다. 지금은 필요에 따라 스테로이드를 바르면서 모자가 함께 평화롭게 살아가는 길을 가고 있습니다.

이 문제는 찬성과 반대의 양측 의견이 팽팽해서 무엇이 옳은지 아직은 알지 못합니다. 저는 약을 사용하는 치료를 선택했지만 사용하지 않는 방법을 선택한 여러분도 계시겠죠. 사람에 따라 '평화공존'의 내용은 다양할 것입니다. 잘 생각한 후에 자신이 납득할 수 있는 방법을 선택하시기를. 아이를 키우다 보면 아마도 이렇게 선택의 연속일 거라고 생각합니다. 이번처럼 가야 할 길을 선택하는 데에 헤매는 경우도 있겠지만 정해지고 나서는 열심히 그 길을 가고자 합니다.

6장

8 ~ 9개월

기어 다니기와
붙잡고 일어서기

육아와 공간 만들기
〈8~9개월〉

8개월이 되자 기어 다니기와 물건 잡고 일어서기를 시작해
행동 범위와 손닿는 범위가 급격하게 넓어진 아이.
방에 가구가 적어서 자유롭게 돌아다닐 수 있는
공간이 있는 것은 이 시기의 아기에게 최적의 조건.
그리고 마침내 식탁 구입!

이제껏 캠핑용품으로 대신하며 살았지만 드디어 제대로 된 식탁의 필요성을
강하게 느끼게 되었습니다. 문제는 식사를 하는 낮은 탁자와 주방의 사이가 멀
어서 음식을 차리고 거두기가 번거로웠다는 것입니다. 또한 낮은 탁자는 손님
이 늘면 대응이 어렵고 캠핑용 테이블만으로는 글쓰기 작업이 힘들었습니다.

그래서 식탁을 사기로 하고 여러 가구점을 물색한 결과, **니신모코**(H進木工)*
의 식탁과 의자로 정했습니다. 이유는 세월이 흘러도 싫증나지 않는 심플하고
보편적인 디자인에 있었습니다. 수공품의 멋과 의자의 가벼움도 한몫했습니다.
모서리가 둥근 점도 어린 아이가 있는 집에 알맞았습니다.

돌이켜보니 식탁이 있는 생활은 결혼한 뒤 처음. 식사도 작업도 쉬워지겠지!
아이의 손에서 음식과 재료를 지킬 수 있으니 이젠 살았다 싶습니다.

보행기를 사용해보았습니다
아래층 집이 비어있기도 해서 시
험 삼아 보행기를 대여해서 태워
보았습니다. 어디까지나 보행훈
련이 아닌 놀이를 위해서 사용. 아
이는 호기심 가득해서 방안을 탐
색하며 돌아다녔습니다. 허리가
안정되고부터 단기간 사용할 것
을 권장합니다. 아들은 3개월 정
도 재미나게 놀고 반환했습니다.

※ 보행기 사용 시 주의할 점 :
바닥이 흠집이 잘 나지 않는 소재
일 것, 층간소음에 주의할 것, 바
닥 높낮이나 전선 코드에 주의할
것, 사용 중에 눈을 떼지 말 것 등.

업무 시작

이 시기부터 조금씩 책과 잡지 등의 일을 재개했습니다. 식탁을 구입해서 작업대가 생긴 셈입니다. 이 자리는 거실의 아이를 볼 수 있는 위치. 아이가 아래까지 와서 식탁을 잡고 일어서도 이런저런 도구에도 닿지 않아 안심.

아기 의자

유아용 의자는 장소를 차지하고 발가락을 부딪치기만 할 뿐이라고 들어서 아사노 씨(p.72)에게 추천받은 **잉글레시나***를 샀습니다. 먹을 때는 발이 바닥에 닿도록 어른 의자를 밑으로 넣어주었습니다.

육아와 수납

〈8~9개월〉

아기 변기와 식탁 구입,
이유식 횟수의 증가 등에 따라
장소별 수납을
바꾸어 보았습니다.

기저귀 세트를 바꿨습니다!

앉은 채로 끌 수 있도록 밑에 바퀴를 달았습니
다. 모서리에는 보호대를.

몸단장 용품은 일괄적으로 보관

아무 곳에나 배변을 한 번 해보면 기저귀를 떼기 쉽다고 들어서 식사 후나 잠에
서 깼을 때, 마음이 내킬 때 아기 변기에 앉혀보았습니다. 기저귀와 함께 변기
도 보관하려고 나무 상자에 넣어보니 딱 맞았습니다! 나무 상자 안에는 그 외
에도 턱받이, 사용한 기저귀를 일단 담아두는 용기, 쓰레기통 등이.

거실 수납을 바꿨습니다!

TV도 수납

선반 옆에 헝겊 가방을 걸고 휴
대용 TV를 넣어둡니다. 시청할
때만 꺼내는데, 가끔은 아이에게
보여주고 시간을 벌기도.

엄마의 공간도 필요합니다

식탁 옆으로 수납 박스를 옮겼습니다(전에는 소파 옆). 업무 자료나 문구 용
품을 금방 꺼낼 수 있어서 편리합니다. 등 뒤 카운터에 후크를 달아 평소에
쓰는 가방을 걸어두었습니다. 필요한 물건을 꺼내고 정리하기 쉬워 외출 준
비도 간편하게.

이유식이 하루에 세 번으로! 주방 작업을 보다 편리하게 해주는 수납 아이디어

여기도 아니고 저기도 아니고

작업공간에서 바로 손이 닿는 선반에 **무인양품**의 PP서랍을 추가(얕은 형으로). 하루에 몇 번이고 열고 닫는 장소여서 중점적으로 개선.

커트러리

젖병이나 작은 용기 등 아기용품. 이제껏 제 자리를 못 찾고 꺼내 놓았던 각기 다른 모양의 물건을 모았습니다. '어디에 둘까' 하던 걱정이 사라졌습니다.

건조식품, 차 종류.

작은 식기류.

보존 용기 등.

용기에 담은 조미료와 건조식품

BEFORE

조리도구. 낮은 서랍은 계단 모양으로 열어서 우편물을 배분하듯 물건을 다시 제자리에 놓기 편리합니다.

핸드블랜더의 자리

이유식을 만드는 데 커다란 활약을 했던 **바믹스(bamix)*** 핸드블랜더는 작업대 바로 아래에 있는 서랍에. 공간에 여유가 있어서 코드가 다른 물건에 걸리지도 않고 금세 꺼내고 넣을 수 있으니 편리합니다.

하루가 다르게 커가는 아기와 함께 수납도 인테리어도 시행착오를 거쳐 점점 변화하고 있습니다. 몇 개월 전의 모습이 지금과 크게 달라 놀랄 정도. 집에 있는 시간이 길어지다 보니 '이렇게 해보면 어떨까?'라는 생각이 자꾸 들었습니다. 다만, 아기를 돌보면서 해야 하는 터라 생각한 대로 바로 실천할 수 없는 안타까움이…

이즈음 수납에 대한 제 생각의 중심은 '어떻게 하면 아기 돌보는 일손을 줄일 수 있을까?' 하는 것이었습니다. 또한, 아기가 움직일 수 있는 범위가 엄청난 속도로 넓어지고 있어서 지금부터는 안전대책을 중점적으로 고려한 수납 구조가 필요해졌습니다. 앞으로 그런 관점에서 거실에 있는 수납 가구도 새롭게 장만해야겠다고 생각했습니다.

육아와 제품 선택

〈8~9개월〉

이 시기에 구입해서
보충한 물건들

아기를 안기 편하게 하는 파우치

아기를 앉히는 허리 파우치. 아이가 감기에
걸려 기분이 좋지 않은 날은 온종일 안고 지
내야 했습니다. 엉덩이를 받친 덕분에 부담이
적어졌습니다. 한 손으로 받치고 다른 한 손
은 일을 할 수 있습니다. 걸어 다니게 되면 외
출할 때에도 요긴하게 쓰일 듯. (POLBAN*
히프시트 웨스트 파우치 타입/럭키공업)

아기띠의 침받이 대책

침을 많이 흘리기 시작하니 아기띠에 패드를
대지 않으면 어깨끈이 더러워졌습니다. 버튼
식은 떼기 힘들어서 찍찍이로 고정되고 무늬
도 예쁜 것을 찾아다녔습니다. 빨았더니 부드
러워지고 물고기 모양도 마음에 들었습니다.
여러모로 괜찮아서 같은 모양의 턱받이도 구
입했습니다.

아기의 이불을 구입했습니다

남편과 제 이불을 샀던 가게에서 들은 조언. "아이들은 점점
크기 때문에 처음부터 어른용을 사는 것이 좋습니다." 맞다!
라는 생각에 어른용을 사니 3장의 이불이 방에 딱 맞았습니
다. 몸을 뒤집으면서 점점 크게 움직이니까 이부자리는 넓게
장만하라는 말이 정답이었습니다.

몸이 커지고 변화가 풍부한 시기여서 적당한 가격의 **무인양품**과 **GAP**으로 장만했습니다. 점포 수가 많아서 아무 때고 사러 나갈 수 있는 것도 장점입니다.

바디슈트

여름에 입혔던 반소매를 매우 유용하게 써서 가을·겨울을 대비해서 긴소매도 **GAP**으로 장만. 하지만 같은 '80 사이즈'라도 디자인과 천이 달라서 그런지 크기가 달랐습니다. 가로줄무늬는 벌써 딱 맞고, 네이비 색상은 너무 커서 나중에 입혀야 할 것 같고… 고르기 어렵습니다.

바지

무인양품과 **GAP**에서 처음 바지를 샀습니다. 기저귀를 찰 때는 꽉 끼는 타이츠보다 넉넉한 바지가 좋다는 것을 입혀보고서야 알았습니다.

복대가 붙은 파자마

자면서 격렬한 몸부림을 하는 아이여서 복대로 배를 잘 보호해주니 안심이었습니다. 빨고서 갈아입히는 용도로 한 장 더 구입했습니다. 번갈아 입히니 밤에 아이를 보호해주는 역할을.

줄무늬 티셔츠

무인양품의 줄무늬 티셔츠는 적당한 가격에 천이 좋아서 구입했습니다. 아이가 커도 계속 입힐 수 있는 아이템 같습니다.

롬퍼스

바디슈트를 구입하던 날 **GAP**에서 함께 구입. 이것도 작아서 입힐 수 없었습니다…. 아이가 많이 움직이기 시작하면 위아래가 붙은 것보다 따로 떨어진 것이 갈아입히기도 편하다는 것을 나중에야 깨달았습니다.

도움이 되었습니다! 물려받은 물건들

호빵맨 욕심쟁이 상자

사촌으로부터 물려받은 물건. 외양이 정신없어 보이지만 집중해서 노는 모습을 보고 '개발한 분께 감사하고 싶어!'는 마음이 절로 생겼습니다. 다양한 난이도의 놀이가 성장에 맞춰 조금씩 발전해가니 기쁘기 그지없습니다.

아프리카*의 목욕의자

있으면 편리하겠다고 생각은 했지만 사기에는 망설여지던 목욕의자. 친구가 "쓸래?"하고 물려줘서 감사한 마음으로. 욕실에서 빈 욕조에 앉혀두고 제가 씻을 때 요긴하게 썼습니다.

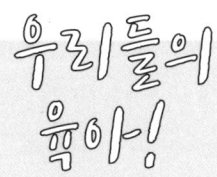

* ( )안 … 설문지 작성 시 자녀 연령

C·T 씨 (4개월)

① **쁘띠바또***의 내의 세트 시리즈. 여름에 태어난 아이
여서 이 한 장으로 OK! 상반신 타입은 주사를 맞는
날에도.

② 레그워머로 체온조절을. 벗기지 않고도 기저귀를
갈 수 있어서 좋습니다.

③ **미나 페르호넨***의 'zutto 시리즈'. 심플하고 튼튼
하면서 귀엽습니다. 외출용.

F·K 씨 (1세)

① 배기바지(기저귀 때문에 엉덩이가 커져도 도드라지지 않아 귀엽습니다).

② 줄무늬 아기옷(정신을 차리고 보니 줄무늬. 무인양품이 최고).

③ 이니셜을 넣은 운동복(아이가 더 크면 아마도 입지 않을 것 같아서
지금이나마 재미난 차림을 마음껏 즐길 요량으로).

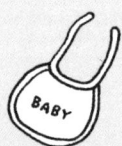

S·N 씨 (9개월)

① 유니클로의 내의

② **베베**(BeBe)*****의 아기 조끼

③ **BRANSHES***의 턱받이

C·M 씨 (5개월)

유니클로의 에어리즘 내의

K·Y 씨 (1세 3개월)

① **BELLE MAISON*** 'DAYS 시리즈 웨어'(한꺼번에 싸게 사서
어린이집에서 갈아입힐 옷으로 유용하게 사용).

② **쁘띠바또***의 옷(외출용으로).

③ **유니클로, H&M, baby GAP, 니시마츠야**(西松屋)*****의 아기옷.
(갈아입힐 일이 점점 늘어서 몇 개 더 사서 보충했습니다).

A·K 씨 (2개월)

① Familiar*의 커버올(상하일체형) 내의 (입히기 편리합니다).

② 카터스(Carter's)*의 바디슈트 (귀엽고 입히기 편리합니다).

③ Familiar*의 저지원단 커버올 (안고 있으면 기분이 좋습니다).

E·K 씨 (11개월)

① GAP

② H&M

③ 유니클로

다카나시 씨 (10개월)

① 유니클로의 크루넥바디 … 여름철에 땀에 젖은 옷을 자주 갈아입힐 때 유용했습니다. 빨아도 늘어나지 않고 입히기도 쉬우며 아기도 움직이기 편한 듯.

② 나오미 이토(NAOMI ITO)*의 짧은 커버올 … 귀엽고 촉감도 좋아서.

③ 생활클럽(生活クラブ)*의 오가닉코튼 바디슈트와 팬츠 … ○형 다리의 아기도 움직이기 편한 디자인.

아사노 씨 (6개월)

① ao*의 롬퍼스

② naniiro*의 콜라보 가제 원피스

③ GAP의 민소매 롬퍼스

M·S 씨 (10개월)

① soo pee nenne의 티셔츠와 바지는 천과 프린트가 마음에 들어서.

② H&M의 바디내의는 여름에 입으면 쾌적하게 잠들 수 있습니다. 사이즈도 '85' 등의 중간 사이즈도 있고 천도 좋고 엉덩이도 주름이 잘 잡혀서 입기 편리합니다(게다가 500엔 이하의 가격).

③ 유니클로의 메쉬 내의는 면 100%인데도 저렴해서 아주 훌륭하다고 생각합니다. 여름에 꼭 필요한 품목이었습니다.

육아와 살림

〈8~9개월〉

지저분한 것이 쌓여 청소가 귀찮아질까봐
더러워진 것을 발견하면 부지런하게
닦아내는 것을 기본으로 해왔습니다.
아이가 태어나고 새로운 청소습관이 늘었습니다.
빨래와 취사에도 한층 더 효율성을 추구하게 되었습니다.

사용하는 걸레
빨리 마르는 극세사 소재의 걸레. 흰색은 더
러워진 상태를 더 빨리 알 수 있습니다. 흰색
이 적어서 여기저기 찾아다니다가 인터넷에
서 5장 세트를 구입했습니다.

청소

부지런히 물걸레질을
마루는 먼지가 눈에 띄는데다가 아기가
기어 다니기 시작하면서 바닥의 더러움
이 신경 쓰입니다. 햇볕이 방에 가득 차
기 시작하는 아침 일찍, 바닥을 물걸레
로 닦습니다. 매일 하려면 부담이 되므로
의욕이 왕성한 날, 일주일에 3~4일 정도
로. 걸레는 싱크대 근처에 두고 금세 적
시고 넣어서 말릴 수 있도록 합니다.

세탁

세탁한 천기저귀는 세면실에서 탁탁 털어서 어깨
에 짊어지고 나가 발코니 건조대에 말립니다. 한
장씩 털어 너는 것보다 한꺼번에 털어서 들고 나가
는 것이 효율적이라고 생각해서 집안일의 여러 방
면에서 적용하는 중입니다. 예를 들면, 요리도 식
재료를 한꺼번에 모두 잘라둡니다.

138

이유식 만들기

이것 하나로 집안 청소 끝

슈퍼에서 발견해 사용하기 시작한 베이킹소다 비누(분말)를 청소와 식기를 닦을 때 사용합니다. 무첨가 무향료로 피부에도 안심하고 쓸 수 있어서 아기가 입욕 중에도 걱정 없이 청소할 수 있습니다. 그 외에도 주방 싱크대와 가스레인지 주변 등 문질러서 닦아야 하는 청소에는 이 것 하나로 끝. 거품도 잘 나고 잘 지워져서 힘껏 문질러야 하는 수고도 필요 없습니다. 이사하면서 짐을 쌀 때 세제류와 스킨케어 용품 등이 너무 많아 아연실색. 이 한 개로 여기저기 사용할 수 있어서 번거롭지 않고 수납장소도 차지하지 않아 여러모로 편리합니다.

식기에 천을

아침, 점심, 저녁과는 별도로 자주 오는 이유식 시간. 식기와 스푼은 씻어서 바로 쟁반에 놓고 입을 닦아줄 천을 덮어서 준비상태로 해둡니다. 이유식을 먹이는 순서는 의외로 복잡해서 '식기 준비 → 이유식 스톡(저장용 식재료) 해동 → 온도 조절 → 턱받이 걸어주기 → 의자에 앉히기 → 물수건 준비하기 → 먹이기' 순으로 진행됩니다. 첫 단계만 줄여도 도움이 됩니다.

8개월경의 이유식

부드러운 밥과 닭고기호박조림, 토마토즙, 배 간 것, 루이보스차. 냉동재료를 이용한 이유식 요리책을 참고했습니다. 냉동 스톡은 부드러운 밥, 죽, 데쳐서 잘게 썰거나 페이스트로 만든 야채. 일주일에 2번 정도 밤에 한꺼번에 조리해서 냉동해둡니다.

⏰ 생후 9개월의 하루 일정표

남편이 쉬는 날엔 시내나 동네, 어디론가 외출했습니다 (부부가 함께 온종일 집에 있을 수만은 없어서). 이유식을 준비해 밖에서 점심을 먹으며 육아 스트레스를 해소했습니다.

> 대개 7시 전후로 일어나는 아이를 따라 모자가 동시에 기상.

> 이유식은 기본적으로 냉동해둔 것을 데우기만 한 것+바나나와 콩가루 요구르트를 단골 메뉴로. 나의 아침식사도 빵 등을 함께 준비.

	am 1	2	3	4	5	6	7	8	9	10	11	12
부모							기상·이불개기 / 간단한 바닥청소·아침식사 준비	아침식사	옷 갈아입기·아기 재우기 / 함께 놀기	피곤할 때는 함께 낮잠 / 집안일(설거지·청소) 자질구레한 일	외출	점심준비
생활							기상	혼자 놀기	옷 갈아입히기·스킨케어 (시간이 있으면 변기연습)	낮잠		점심식사
아이												
기저귀							●		●	●	●	●

> NHK에서 아침 드라마를 보고 → 생활정보 방송을 보는 것이 정해진 습관입니다. TV는 안 보는 것이 좋다고 생각하지만 식사 시간에는 즐겁게 먹으려고 허용했습니다.

> 동네를 산책하거나 주변의 플레이룸에서 놀게 합니다 (엄마들과 육아에 관해 얘기하며 재충전).

친구가 아이를 데리고 놀러 와 주는 것이 크나큰 재충전이 되었습니다(스스럼없이 느긋하게 얘기를 나눌 수 있습니다).

아기 재우기는 남편과 교대로. 자유로운 사람이 설거지와 빨래 널기를.

저녁식사는 목욕 후에 하기도. 그 날의 타이밍에 따라.

집안일(이유식과 밑반찬 만들기), 업무(메일), 휴식(TV 감상, 독서, 인터넷) 등. 9개월에 모유를 떼서 좋아하는 맥주도 다시 마시기로.

pm

1	2	3	4	5	6	7	8	9	10	11	12

점심식사 / 집안일 (저녁식사 사전준비) / 아기 재우기 / 휴식(독서와 인터넷) / 저녁식사 준비 / 저녁식사 / 집안일 (빨래) / 아기 재우기 · 집안정리 · 빨래 널기 / 자유시간 / 취침

외출(장보기)

목욕

혼자 놀기 / 낮잠 / 혼자 놀기 / 저녁식사 / 분유 / 취침

6개월 정도부터 밤에 잠투정이 심하다가 8개월에 야간 수유 끊기에 성공해서 이후로는 아침까지 자기 시작했습니다. 취침 후 2시간 정도는 도중에 2~3회 울었지만 토닥여주자 다시 잠들었습니다.

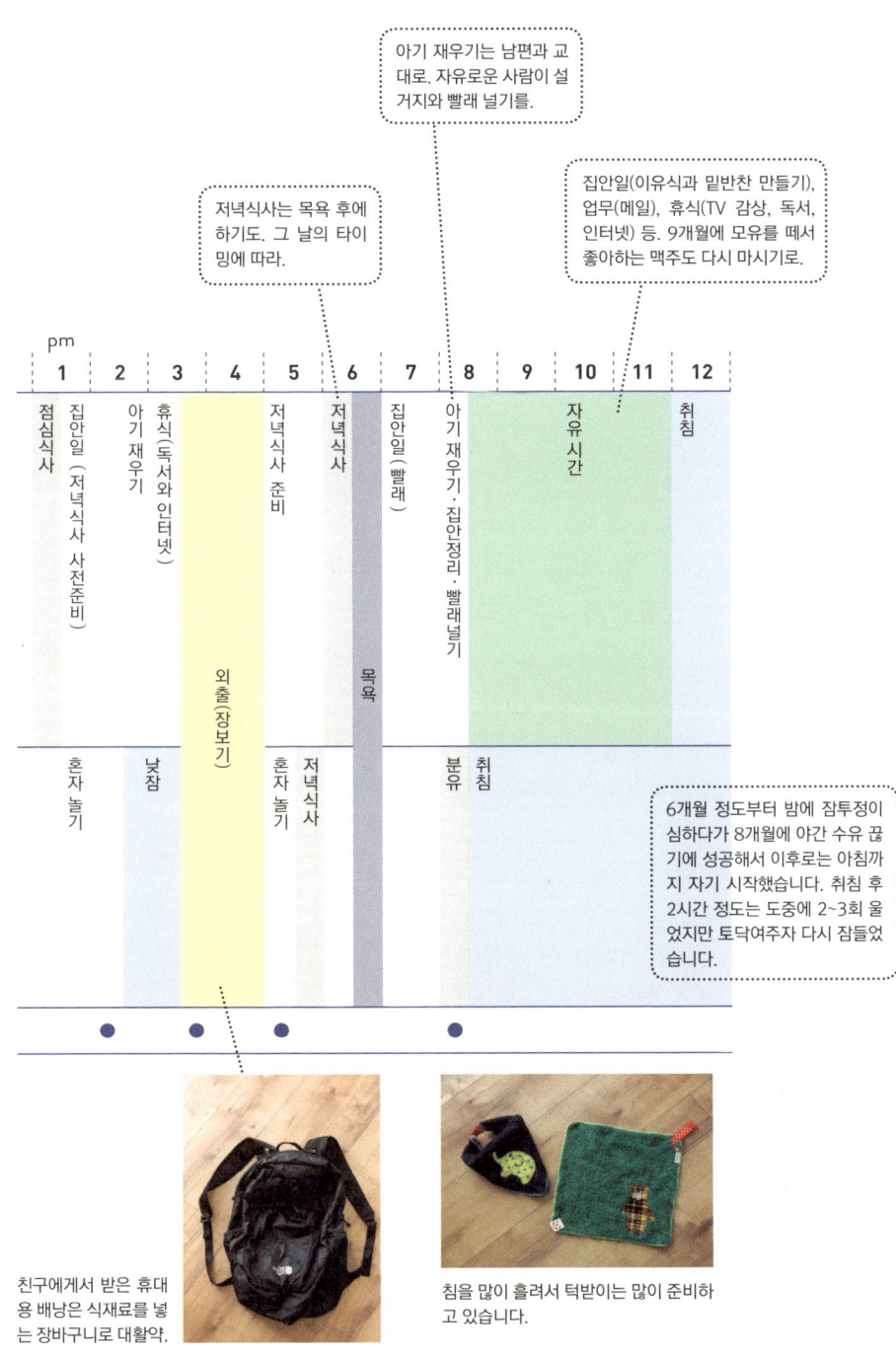

친구에게서 받은 휴대용 배낭은 식재료를 넣는 장바구니로 대활약.

침을 많이 흘려서 턱받이는 많이 준비하고 있습니다.

141

육아
리얼 취재 ③

다카나시 노리코 씨

PROFILE
대학 시절의 동아리 친구였던 노리코 씨. 처음 듣는 음악이나 야외 페스티벌 등 새로운 문화를 만나게 해준 친구입니다. 노리코 씨, 남편, 딸(취재 시 1세)의 3인 가족. 집은 2LDK.

아이와 떨어지는 시간이라고는 미용실에 갈 때뿐이라는 노리코 씨. '그러고 보니 늘 함께 있네'라고 시원스레 얘기하는 것을 보고 놀랐습니다. '그러고 보니'라고 할 정도로 노리코 씨에게 있어 아기와의 생활은 자연스러움 그 자체. 저는 출산 후 한동안 나만의 시간이 없다는 우울한 기분에 어찌할 바를 몰랐습니다. 산책을 하거나 사람을 초대하거나 기분전환 하는 법을 배워 겨우 아기와 순조롭게 생활하게 된 것은 생후 6개월쯤. 육아의 길도 사람마다 달라서, 노리코 씨는 폭넓은 마음을 가지고 아이를 키우겠구나 하고 느꼈습니다.

노리코 씨가 유념하고 있는 것은 딸이 깨어있을 때 무리해서 집안일을 하지 않는 것이었습니다. 집안일을 하루 단위로 하는 것이 아니라 일주일 단위로 한다는 의식을 가진다는 것입니다. 예를 들면 날씨가 좋은 날에 할 일, 남편이 있을 때 할 일 등으로. 딸이 깨어 있으면 함께 기어 다니며 바닥을 닦기도 한다고.

대활약! **다카나시 씨가 추천하는 아기용품 베스트 3**

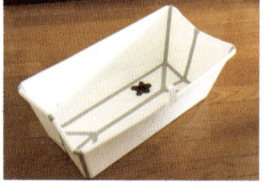

① 스토케*의 플렉시바스
사용하지 않을 때는 접어서 보관할 수 있는 아기 욕조. 4세까지 쓸 수 있을 정도로 커서 편리합니다. 물놀이를 할 때도 쓸 수 있고 나중에 수납함으로도 사용 가능합니다.

② 나오미 이토*의 6겹 가제 수면조끼
추울 때는 따뜻하고 더울 때는 땀을 잘 흡수해주는 가제 소재. 가볍고 빨래도 금세 마릅니다. 오른쪽의 짧은 내의도 촉감이 좋아서 애용했습니다.

③ 몸통에 두르는 턱받이
몸통에 두르는 끈이 있어서 흐트러지지 않고 뒤로 넘어져도 얼굴에 턱받이가 닿지 않습니다.

Q 아기가 낮에 머무는 곳은?

집안에서 가장 볕이 좋은 거실 창가가 아기가 노는 공간. 2개의 개방형 선반 하단에 그림책과 장난감을 수납하고 아기가 스스로 꺼내도록 만들었습니다.

Q 아기가 밤에 자는 곳은?

부부는 침대에서, 아기는 아래에 깔아둔 이불에서 잡니다. 잠결에 벽이나 침대 다리에 부딪혀서 대책을 고민 중입니다. 덮는 이불은 기온에 따라 가제 블랭킷 등을 겹쳐서.

치유의 모빌
벽걸이 시계의 까만 추를 보고 웃던 모습을 보고 살랑살랑 흔들리는 모빌을 달았습니다. 출산 후 집에만 있던 저의 마음에도 안정을 주었습니다. 덴마크 브랜드 플렌스테드(Flensted)의 제품.

Q
아기용품 수납은
어떤 식으로 하는지?

물건이 적어서 수납공간도 콤팩트
한 다카나시 씨의 집. "그 물건이 필
요한 위치에 보관한다"는 것이 생
활신조여서 정말 딱 알맞은 자리에
물건이 수납된 인상을 받았습니다.

침실 행거에 **무인양품** 헝겊 수납
걸이를 매달아 모자, 카디건, 슬링
등을 수납. 겉옷도 여기에 두어 외
출할 때 한 번에 준비를 마칠 수 있
습니다.

거실에서 접근하기 쉬운 침실 입구
에 아기옷들을 수납한 **무인양품** 서
랍. 상단에는 자주 쓰는 가제 수건
과 턱받이를.

손수 만든 토폰치노
아기용품 수예 책에 소개된
토폰치노를 보고 이거 좋다!
라는 생각에 만들게 됐다고.
귀여운 자수도 넣어서.

수제품이 좋아요

어머니도 할머니도 바느질 솜
씨가 뛰어나 자연스럽게 자신
도 좋아하게 됐다고. 임신 중
에 아기의 모자 등을 만들면
서 '이렇게 작을까?' 하고 상
상하며 즐거웠다고 합니다.

재봉에 참고한 것은…
『초보 엄마도 쉽게 만들 수 있는 귀여운
아기용품』

수공예 장난감
지역 아동관에서 좋아하며 손에 쥐고 있
던 모습을 보고 이 정도면 집에서도 만
들 수 있겠다 싶어 만들어 보았습니다.
좋아하는 색을 골라서 만들 수 있다는 점
도 수공예의 장점.

수공예 모자
세탁이 가능해야 해서 면과 가제 소재로
만들었습니다. 신축성이 좋아서 잘 늘어
나 오랜 기간 씌웠습니다.

다카나시 씨의 일정표

6:00	수유, 기상 아기를 업고 아침식사 준비와 도시락 만들기. 빨래, 몸단장
8:00	이유식과 수유
9:00	산책, 장보기 아동관 등에 가기
12:00	점심식사, 이유식과 수유
14:00	아기와 놀거나 산책, 낮잠 등
16:00	저녁식사 사전준비
17:00	아기 목욕시키기
18:00	이유식과 수유
19:00	남편 퇴근. 남편과 아이가 노는 동안 저녁식사 준비
20:00	딸에게 아기 마사지나 그림책을 읽거나 재우기. 부부의 저녁식사
21:00	설거지, 빨래, 청소, 내일을 위한 준비
22~ 23:00	취침 밤중에 몇 회 수유

이유식 연구

오늘의 밥

부드러운 밥, 감자조림, 야채스프. 야채스프는 남편이 좋아하는 음식인데 아빠를 닮았는지 딸아이도 좋아합니다.

스톡

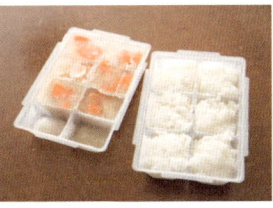

한꺼번에 만들어서 작은 크기로 나눠 트레이에 냉동해 둔 스톡. 오른쪽이 밥이고 왼쪽이 야채스프.

이건 정말 편리해!

턱받이 대신 **리첼***의 '외출용 간이 턱받이 끈'을 사용. 아무 수건이나 걸어서 언제든 턱받이로 쓸 수 있습니다. 두껍게도 얇게도 조절 가능하고 어깨의 움직임에도 제약이 없습니다. 수납 장소도 따로 필요 없고 세탁할 필요도 없어서 매우 편리!

전통 아기띠도 아주 소중한 아이템!

온부모코*는 바다에서 물일을 하던 여성들에게서 전해온 아기띠를 요즘에 맞게 개량한 것. 아기와 밀착도가 높아서 몸의 중심도, 마음도 안정됩니다. 아기가 높은 위치에 고정되므로 돌아보면 아기와 눈도 맞출 수 있습니다. 이 띠의 사용으로 집안일을 하기 훨씬 편해졌습니다.

145

COLUMN ❺ 【 육아와 고독 】

지금 사는 아파트로 막 이사를 왔을 때 아이는 생후 5~6개월 즈음, 저는 진한 외로움에 휩싸였습니다. 방 안에서 창밖을 내다보면 어린아이를 데리고 걸어가는 엄마를 발견하고 '어디로 가는 걸까?' 생각하며 물끄러미 바라보거나, 늦은 밤 자기 전에 스마트폰으로 '육아, 고독'을 검색했습니다. 지금 와 돌이켜 보면 '많이 위험했었구나'라는 생각이 듭니다. 그때 마침 아이가 아토피라는 진단을 받기도 했고, 출산 후 정서가 가장 불안한 시기이기도 했던 것이죠.

당시에 왜 그렇게 외로웠는지 분석해 보니….

· 또래와 얘기를 나눌 기회가 없음 (일을 못 하니 관련된 사람과 만날 기회가 거의 없어졌음)
· 같은 일만 반복하는 '육아와 집안일'의 단조로움 (거의 집에 틀어박혀 있음)
· 다른 엄마들은 다들 능숙하게 육아를 할 텐데… 라는 생각에 빠짐 (SNS를 너무 많이 봄)

이런 예를 들 수 있었습니다.

그렇게 외로워하면서도 한편으로는 '혼자만의 시간을 갖고 싶다!'라는 생각도 드는 등 도무지 진정이 되지 않는 상태였습니다. '이대로는 안 되겠어! 이렇게 괴로운 마음으로 아이를 키워선 안 돼….' 저는 생활에 변화를 줄 행동을 취하기 시작했습니다.

먼저 같은 처지에 있는 육아맘들과 모일 장소를 물색했습니다. 그러자 근처에 자치단체가 제공하는 아기가 놀 수 있는 플레이룸이 있다는 것을 알고 7개월의 아이를 데리고 가 보았죠. '이제 앉을 수는 있으니까'라고 생각해서 그제야 갔지만 '더 빨리 왔으면 좋았을 걸!' 하는 후회가 들 정도로 신나는 곳이었습니다. 비슷한 연령의 아이를 데리고 온 엄마들과 맥락도 없는 얘기를 나눈 것만으로도 육아의 고독감이 해소되는 기분도 들고, 아이도 다른 아이들의 모습을 보거나 새로운 장난감에 빠진다거나 하며 아주 즐거워 보였습니다. 그로부터 육아휴직 동안은 그곳을 매일 다니면서 다른 엄마들의 얼굴도 익혀 산책 중에 근처에서 마주치면 인사를 나누는 사이가 되었습니다. '모두 이 동네에서 아이를 키우고 있구나'라는 동지 의식이 외로움을 날려 보내주었죠.

그리고 손님(친구나 업무 관계자)을 집으로 초대해 차를 마시며 아기 돌보기에 관한 이야기를 나눈 시간도 무엇보다 재충전이 되었습니다. 사람을 초대하려면 집 청소도 평소보다 더 깨끗이 해야 하니 생활에 긴장감을 선사하는 좋은 점도 있었지요.

문득 깨닫고 보니 머릿속에서 '고독'이라는 단어는 어느새 사라지고 없었습니다. 저에게 있어 외로움 해소의 특효약은 단순하게도 '사람들과 만나는 것'이었던 듯합니다.

육아와 공간 만들기
⟨10~11개월⟩

디자인 면에서 거부감이 있던 조립식 놀이매트도
방에 맞는 색을 발견해서 고민을 덜었습니다.
사용해 보니 생각보다 훨씬 쾌적했습니다…!

아이는 더욱 활발해지면서 장난감을 던지는 일이 늘었습니
다. 바닥에 떨어졌을 땐 상당히 큰 소리가! 이사 오자마자 이
웃에게서 아기 울음소리가 시끄럽다는 불만을 들은 적이 있
어서 소리가 나지 않게 신경을 쓰고 있던 참이었습니다. 이것
이 결정적인 계기가 되어 놀이매트를 사게 되었습니다.

　매트를 깔았던 당일의 일입니다. 기저귀에서 대변이 떨어
져 아이가 하필 그것을 밟는 기가 막힌 사태 발생. 이전의 러그
였다면 통째로 빨아야 했지만 지금은 그 부분만 떼어서 씻을
수 있었습니다. 이거다, 조립식 놀이매트의 이점이란!

　또한 쿠션감이 좋아서 기어 다니는 무릎에도 부담이 덜 가
고, 아기가 붙잡고 일어서다가 넘어져도 충격이 작았습니다.
어른에게도 바닥의 냉기를 막아주고 발바닥에 닿는 느낌도
좋았습니다. 아들과 함께 구르면서 책을 읽거나 들어앉아 놀
기도 편했습니다. 놀이 공간이 캠핑용 에어매트 이상으로 크
게 넓어져 편안함과 느긋함을 동시에 느꼈습니다.

매트는 어떻게?
인스타그램에서 여러 사람들의 집에 있
는 놀이매트를 구경하다가 화이트그레
이 색상을 발견하고 상품을 검색했습니
다. 대형 사이즈는 때가 잘 끼는 이음새
가 적어서 괜찮아 보였습니다. 식탁 주
변은 청소를 우선으로 생각해 바닥 그
대로 두고 거실에만 깔았습니다.

집안의 위험요소 ❶

들어가지 않았으면

드디어 시작된
아기의 활동기

안전문 설치

아이가 기어 다니다가 주방까지 올 수 있게 되자 물건을 떨어뜨리면 위험하고 음식을 만들기도 어려워져 안전문을 설치할 때가 온 듯했습니다. 설치할 장소가 너무 넓어서 확장 프레임으로 크기를 조절할 수 있고, 흰색으로 통일해서 너무 눈에 띄지 않는 조건으로 안전문을 선택했습니다. (일본육아*)

주의를 딴 데로 돌리는 작전

유아교재 광고전단지에 들어있던 샘플을 안전문 옆에 양면 접착시트로 붙여두었습니다. '엄마' 하고 오다가 이것에 끌려서 시간을 벌 수 있습니다. 싫증내지 않도록 가끔 바꿔서.

집안의 위험요소 ❷

밀면 움직이는 것

BEFORE

왜건 철거

바퀴가 달려서 밀면 움직이는 주방의 왜건은 철거(어머니가 쓰려고 가지고 가심). 그 안에 들어있던 수건류와 과자류는 조립식 수납장으로 옮겼습니다.

집안의 위험요소 ❸

누르면 나오는 것

BEFORE

AFTER

····· 여기라면 손이 닿지 않겠지!

붙잡고 일어서면 손이 닿는다….

정수기 교체

버튼이 아이의 손이 닿지 않는 위치에 있는 것으로 바꿨습니다. 이 제품은 다 쓴 정수기 물통을 찌그러뜨려 재활용으로 버릴 수 있는 점도 마음에 들었습니다.

육아와 살림
〈10~11개월〉

모르는 사이에
온갖 집안일의 양이
늘어가고 있었습니다.
'미리 하는 집안일'이
더욱 중요하게 되었습니다.

아이의 성장과 함께 모든 집안일이 늘어나 있
는 것을 깨달았습니다. 아기옷이 위아래가 붙
은 한 장에서 셔츠, 바지, 내의, 파자마와 여러
부속물까지로 늘었고, 천기저귀도 두 장을 겹
치지 않으면 흠뻑 젖어버려서 빨래가 많이 늘어
났습니다. 이유식 횟수도 늘었고 한 번에 먹는
양도 늘어서 음식을 만드는 일과 설거지 양도
늘어났습니다. 아기가 집안을 돌아다니기 때문
에 청소도 깨끗하게 해야 했습니다. 모든 것이
조금씩 불어나 온종일 집안일에 쫓기는 듯했습
니다. 해도 해도 끝나지 않는 느낌에 어찌할 바
를 몰랐습니다.

　대책은 '쫓기지 말고 앞서가는 집안일로' 속
도를 높이는 것. '지배당하지 말고 지배하자!'
는 강한 의식으로 임하는 것입니다. 출산 후부
터 계속 유념하던 것이지만 평온한 나날을 보내
기 위해 더욱 주의해야 한다고 통감했습니다.

때가 찌들기 전에!
들어간 김에 화장실 청소를

① 화장실 휴지에 알코올 스프레이를 뿌려 닦아
냅니다. 알코올은 항균 성분이 있고 금방 날
아가서 산뜻한 기분을 낼 수 있습니다. 어머
니에게 물려받은 습관.

↓

② '화장실 청소를 해야 하
는데'라고 쫓기지 말고
화장실을 쓸 때마다 싹싹
닦아두면 좋습니다. 화장
실이 이사 전보다 더 넓
어졌고 절수형 변기*라
물이 튀기 쉬워 더욱 자
주 닦습니다.

• 절수형 변기 : 변기 뒤쪽에
세면대가 붙어 있어 그 물이
변기로 흘러 들어가 사용하
는 타입.

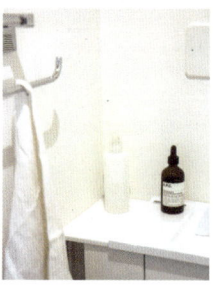
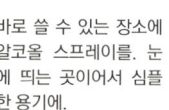

바로 쓸 수 있는 장소에
알코올 스프레이를. 눈
에 띄는 곳이어서 심플
한 용기에.

아이와 함께 하는 집안일

바닥에서 하는 활동량이 많은 이 시기에는 특히 마루를 더욱 청결하게. 더러워지고 난 후 청소를 하는 것이 아니라 햇볕이 들어오는 아침에 걸레질을 합니다. 기어 다니기 시작하면서부터는 뒤를 따라와 허리를 잡고 일어서기도. 그런 순간도 즐기면서 아침 시간을 함께 보냅니다.

아기 따라서 청소하기

아기가 있는 곳의 매트는 가장 더러워지기 쉬운 곳이면서 또한 가장 깨끗하게 만들고 싶은 곳. 청소기를 쓸 때는 청소기로, 이불에서 데굴데굴할 때는 데굴데굴하면서, 침실에서 걸레질을 할 때는 걸레로, 아이를 따라 다니며 청소를 해서 '날을 잡고 청소해야겠다'는 대규모 청소가 되지 않도록 합니다.

남편에게 집안일을 시키는 연구

욕실에 들어갈 때 '당신이 사용했으니 청소하고 나와' 하는 의미로 욕조 가장자리에 세제와 스펀지를 올려둡니다. 처음에는 "이걸로 청소해?"라고 물었을 때 "말 안 하면 몰라?"라고 짜증을 냈습니다. 지금은 말을 하지 않아도 청소를 합니다. 그런데 올려두는 것을 잊어버리면 아직도 하지 않는다는….

이것만은 해두고 자자! 하는 집안일

아침은 아이를 돌보면서 식사 준비, 설거지, 청소, 몸단장 등 온갖 일을 해야 하는 바쁜 시간. 그래서 되도록 일을 줄여놔야 했습니다. 아무리 피곤해도 '내일의 나를 위해!'라는 마음으로 지금 힘을 내면 외출하는 날에도 여유 있는 아침을 보낼 수 있습니다.

① 빨래는 저녁에
저녁에 빨래를 해두는 것은 예전부터 갖고 있던 습관. 아이의 옷과 수건도 양이 늘어서 이 '저녁 빨래'가 아침의 부담을 크게 줄여줍니다. 부부 중에 한 사람이 아이를 재우면 다른 한 사람이 빨래를 너는 역할 분담을. 이후에 생긴 턱받이나 가제 수건의 세탁물은 작은 양동이 물에 담가둘 것.

② 빨대컵 씻기
구조가 복잡해서 닦기 어려운 빨대컵을 씻는 일은 가장 귀찮은 일이라고 해도 과언이 아닙니다. 매일 밤, '내일 하고 싶다…'고 생각하지만 미뤄두면 다음 날 아침에 더욱 하기 싫어지는 일. 싫어하는 일을 아침부터 시작하는 것은 너무 괴로운 일입니다.

③ 놀이매트 위의 물건 정리
아이가 잠들면 방에 마구 흩어져 있는 장난감과 그림책을 제자리에 정리해둘 것. 장난감은 또 가지고 놀 것이므로 대충 치워둡니다. 방을 정리해두면 아침을 기분 좋게 시작할 수 있습니다.

①

야채를 미리 손질해둘 것

이유식에 많이 쓰이는 호박 미리 손질하기. 어른 것도 따로 '야채볶음 세트' 등을 만들어둡니다. 오른쪽 봉지에는 적당히 썰어둔 잎채소. 국에 들어가는 건더기로 편리합니다. 조리거나 볶거나 할 수 있는 상태로 준비해두는 것이 포인트. 남은 야채를 보고 그날의 메뉴를 정하기도.

② **이유식 스톡**

먹는 양이 늘어서 이유식용 밀폐용기 L 사이즈를 구입. 고기야채죽이나 파스타를 만들어서 나눠 담아 냉동보관. 아기는 대식가여서 몇 개월 뒤에는 어른용 밀폐용기로 교체하고 이유식용 밀폐용기는 주식이 아닌 죽용으로 사용하게 되었습니다.

③ **어른용 밑반찬**

채소 조림이나 우엉채 등을 몇 끼니 먹을 수 있게 만들어서 보관. 만들어두면 남길 수도 있는데 아침식사용 빵에 올려 먹는 법을 시아버님에게 배워서 싹 비우게 되었습니다! '빵 → 마요네즈 → 남은 반찬 → 슬라이스 치즈' 순서로 얹어 토스터에 구우면 근사한 아침식사가 됩니다. 김치도 추천하고 싶습니다.

집안일 저금 ②

주 2회 밤에 스톡 만들기

주방이 좁아서 작업대에 소쿠리를 놓으면 도마를 함께 놓을 수 없습니다. 칼질을 할 때는 소쿠리를 치워야 했습니다. 그것이 번거로워서 도마를 꺼냈을 때 칼질이 필요한 일을 모아서 하기로! 이유식만이 아니라 어른의 반찬도 미리 장만해둡니다. 대개 주 2회 정도로, 아기가 잠든 후에.

육아와 제품 선택

〈10~11개월〉

긴소매 셔츠
무인양품의 베이비 시리즈는 여러 동물들의 문양이 새겨져 있어 사랑스럽습니다.

바지
겨울 바지를 2장 구입. 겨자색은 마음에 들어서 자주 입혔습니다. (왼쪽: SWAP MEET MARKET*, 오른쪽: kids case*)

카디건
"H&M에 의외로 좋은 물건이 많다"는 친구의 말을 듣고 엄청나게 많은 물건 중에서 찾아낸 카디건. 어른옷을 작게 만든 것 같은 디자인에 한눈에 반했습니다.

베스트
이전부터 좋아하던 **몽벨***의 아기용 의류가 다양합니다. 아웃도어 브랜드여서 방한력도 우수하고 디자인도 귀엽습니다. 양모 조끼라 체온 조절에 뛰어납니다.

바디슈트
조카에게 선물했던 **노스페이스**의 바디슈트가 우리 아기에게까지 왔습니다. 추운 날 장시간 외출에 입히기 좋습니다. 인형 같은 귀여움은 아마 지금뿐이겠죠!

선물 받은 카디건
축하선물로 받은 **미나 페르호넨***의 카디건. 똑딱단추식이어서 입고 벗기 편리합니다. 가슴에 무심한 듯 장식된 문양이 귀엽습니다. 쌀쌀한 날, 티셔츠에 겹쳐서.

아이옷의 수납
겨울에는 부피가 큰 옷이 늘어서 거는 공간을 늘렸습니다. 거실 수납장에 봉을 달아서 간이벽장으로 만들었습니다. 상부는 자주 꺼내지 않는 물건들이 수납되어 있어서 공간 활용도 되고, 아기띠를 문에 걸어두었기 때문에 외출할 때면 이곳에서 모든 채비를 끝낼 수 있습니다.

아이옷을 살 때는 '세탁이 쉽고 잘 마르는 소재'인지, '심플한 디자인'인지 확인합니다. 또한 상의에 장식이 많을 때는 하의를 무늬가 없는 것으로 하는 등, 맞춰 입기 쉽게 합니다. 어떤 상하의를 입혀도 잘 어울리도록 색감이 자연스러운 네이비, 회색, 흰색, 겨자색 등으로 수수하게 통일해왔습니다.

이것저것 사고 싶기도 하지만 '서랍을 가득 채울 뿐'이라는 의식을 잊지 않도록 노력했습니다. 11개월 시점에서 긴소매 티셔츠 7장, 긴바지 6장, 긴소매 바디슈트 2장, 반소매 바디슈트 2장, 카디건 3개, 조끼 1개, 코트 1벌, 점프슈트 1벌, 양말 5켤레, 레그워머 3개가 되었습니다.

양말
PUENTE*의 수공예 알파카 양말. 신생아용은 사용할 기회가 없어서 친구에게 주었지만 큰 사이즈가 재등장. 추운 날 양말 위에 신발 대신으로. 저도 애용하고 있어서 처음으로 엄마와 아기가 똑같이.

임신 전에도 임신했을 때도 유용하게 쓰였던 비즈 쿠션. 안정감이 있어 아이를 앉히고 양말을 신기기에도 좋았습니다. 아담하고 귀엽습니다.

레그워머 ①
원래는 성인용 암워머였지만 유아용 레그워머로도 사용할 수 있다고 들어서 구입했습니다. 위의 양말과 맞춰서 다리의 보온을 위한 완전준비 완료! (PUENTE*)

레그워머 ③
계속 찾아다녔던 단색의 레그워머를 **이세탄***의 아기용품 매장에서 발견. 어떤 옷에도 잘 어울립니다.

레그워머 ②
COMECHATTO & CLOSET*에서 구입한 레그워머. 두껍고 잘 벗겨지지 않아서 집에서 기어다닐 때 썼습니다.

턱받이
'침을 많이 흘리는 아기에게'라는 선전 문구에 매료됐던 Mum2Mum*의 턱받이. 뒷면에는 방수가공이 되었고 반다나처럼 두르는 타입이라 잘 벗겨지지 않습니다. 마음에 쏙 들어 재구입했습니다.

젖떼기와 이유식

8개월 반이 지나자 밤중에 깨서 심하게 울기 시작했습니다. 아이가 울면 젖을 물려서 재웠지만 오히려 젖을 물리는 것이 밤중에 우는 원인이라는 얘기를 듣고 젖을 떼보기로 했습니다. 첫날밤은 그냥 울게 두어서 모자가 진이 빠졌습니다. 하지만 하루하루 우는 시간이 줄어들더니 일주일이 지나자 밤새 푹 자는 것이었습니다. 젖에 대한 집착도 사라졌고 야간 수유를 끊은 지 2주일이 지나자 낮에도 자연스레 젖을 떼게 되었습니다.

처음부터 대식가였던 아들은 젖을 떼자 더욱 많이 먹게 되었습니다. 소식을 하는 20대 여성 정도의 양. 레토르트 하나로는 모자라서 직접 만드는 것이 빠르겠다 싶어 집에 있던 야채에 단백질, 탄수화물을 적절히 배합해서 썼습니다. 정해진 메뉴로는 채소된장국과 스튜 등.

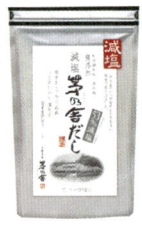

저염 카야노야* 다시팩
선배 엄마들에게 배운 이유식을 위한 아이템. 간단하게 다시국물을 만들 수 있고 무엇보다 맛이 있습니다. 조금 비싼 편이지만 앞으로도 이유식을 만들 생각이라면 그만한 가치가 있습니다.

야채 콘소메 스프 양념
원재료가 보기 좋게 적혀있어 안심. 개별 포장으로 사용하기도 편리합니다. 야채스프나 스튜 등의 맛내기에 중요한 재료.

아기용 스파게티
이것을 발견하기까지는 보통의 파스타를 손으로 부숴서 썼지만 튕겨 나가기 일쑤. 이 제품은 길이가 짧아서 자를 필요 없이 필요한 만큼만 꺼내서 쓰면 되므로 편리합니다.

너무 빠른가?

일회용 종이 에이프런. 외출 시에 쓰려고 했는데 씌우자마자 찢어버렸습니다. 조금 더 크면 써볼까…?

두부
두부를 좋아하는 아들을 위해 상비. 아기에게 딱 알맞은 크기입니다.

용기에 담아 냉장고에
스톡을 만들면 1인분을 용기에 담아 랩을 씌워 냉장고에.

놀이주머니
남편이 좋아하는 일러스트 작가 후쿠이 토시유키
씨가 제작한 **텐부**(十布)*의 놀이주머니. 니혼바시
미쓰코시 백화점의 수공예전에서 발견했습니다.
귀여워서 방에 그냥 놓아도 그림이 됩니다.

칫솔 수납

아기 칫솔
목구멍을 찌르지 않도록 보호대
가 부착된 유아용 칫솔을 **무인양**
품의 칫솔대에 세워서 거실에 두
었습니다. 입에 칫솔 넣는 습관
을 들이기 좋습니다.

생활협동조합을 시작했습니다

유모차를 타고 산책하는 것을 좋아하는 아이지만 슈
퍼에서 장을 보고 있으면 지루함에 떼를 쓰곤 합니
다. 여유 있게 장을 볼 수 없기 때문에 야채나 고기,
무거운 것 등은 팔 시스템(pal-system, 매주 정해진 요
일에 주문하면 다음 주에 새 카탈로그와 주문한 물건이 배달되
는 시스템)의 택배로 받게 되었습니다. 아이가 자고 있
을 때 카탈로그를 보고 주문하면 되니 매우 편리했습
니다. 애용하는 '그린박스 8제품'은 먹어본 적 없는
야채가 레시피와 함께 오기도 해서 살짝 두근두근.

외출하고 싶다!

이제는 젖을 떼서 외출할 때 수유를 걱정하지 않아도 되었습니다. 이유식만 준비하면 온종일 외출도 가능. 우리 부부는 나들이를 매우 좋아합니다! 아기를 데리고 다니기 편한 맛있는 음식점을 찾아다니거나 점심을 밖에서 사 먹는 즐거움이 하루하루의 원동력이었습니다.

10~11개월의 외출 가방
나일론 소재로 가벼운 **에르베 샤플리에** (Herve Chapelier)* 가방. 매일 간편하게 쓸 수 있어서 편리.

기본적인 외출 세트

가방 속 내용물
기저귀 세트를 넣은 **무인양품**의 파우치, 갈아입힐 옷과 턱받이를 넣은 **노스페이스**의 주머니, 과자를 넣은 밀폐용기, 보리차를 넣은 빨대가 달린 물통.

이유식 도시락 세트

소풍 나갈 때는
건더기가 있는 죽이나 우동(국통에 뜨거운 채로 담아서), 바나나, 보리차 팩, 물수건, 식사용 에이프런, 숟가락을 **몽벨***의 쿨러박스에 넣어 준비합니다.

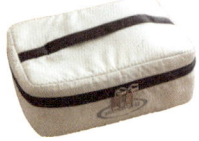

근거리 외출 세트

가벼운 마음으로 외출을
근처의 슈퍼나 역 주변에 잠깐 산책하러 나갈 때 필요한 세트. 지갑, 휴대전화, 파우치(기저귀 1장과 휴대용 물티슈 1개)

아,
따뜻해!

겨울의 육아

〈겨울철 외출의 방한대책〉

아기띠로 안은 채 머리부터 발끝까지 감싸서 덮을 수 있는 다목적 커버. 안쪽은 기모 소재라 보온성이 우수하고 비바람도 막아줍니다. 유모차에도 사용 가능.

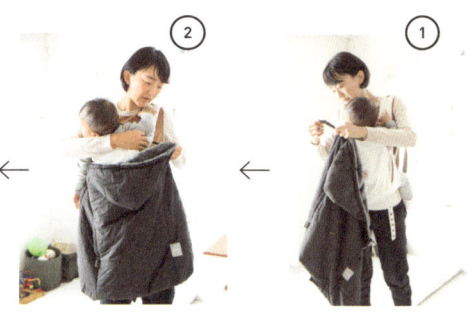

가장 빠른 외출 준비

등나무 트레이에 화장도구를 넣어 세면대 옆에 두었습니다. 콘택트렌즈나 메이크업 제품 등 몸단장에 필요한 물건은 이곳에 다 있어서 물건을 꺼내는 데 많은 수고를 들이지 않아도 됩니다.

선 채로 한 걸음도 움직이지 않고 준비 완료!

들어있는 화장 도구는 ①BB크림 ②페이스파우더 ③아이브로우 파우더 ④볼터치 ⑤뷰러 ⑥마스카라. 헤어밴드와 헤어클립도 함께 둡니다. 한 종류에 한 개씩만 넣어서 고르느라 망설이지 않도록. 아이라이너와 아이샤도우를 처분해서 시간을 단축했습니다. 메이크업 시간은 약 8분.

이사 후의 변화 : 주방 수납은 변화 중

〈10~11개월〉

이사를 하고 반년 동안 주방 수납은 시행착오를 거듭해 지금의 모습이 되었습니다. 식기 수납은 철제 바구니로 바꿨고, 서랍이 늘었고, 이케아 박스를 도입했습니다. 싱크대 아래, 가스레인지 아래도 변화를 계속하는 중입니다.

조금이라도 스트레스가 생기면 구조를 바꿔서 사용해 보고, 그래도 뭔가 안 좋으면 다시 개선을 해보았습니다. 물건을 수납할 곳도 작업 공간도 좁은 이 주방에서 많은 도움이 된 왜건을 치우게 됐을 때는 고민이 많았지만, 그 안에 있던 물건의 수를 줄이거나 다른 장소에 보관했습니다. 연구를 하면 대개는 어떻게든 된다는 걸 수납방식을 고쳐가는 동안 깨달았습니다.

BEFORE 이사 직후

쓰레기통 자리 결정!
쓰레기통이 있던 장소가 안전문 밖이어서 안전문을 여러 번 여닫아야 하는 수고가. 너무 불편해서 이곳저곳을 시험해본 결과 안으로 옮겼습니다. 냉장고와 가스레인지 아래쪽 수납장이 조금 불편해졌지만 안전문 바깥보다는 훨씬 편리했습니다.

이케아 박스를 사서 식재료를 정리했습니다. 내용물이 밖에서 보이지 않아 지저분하지 않고 산뜻한 기분. (IKEA VARIERA BOX)
③ **이케아**의 박스에는 건조식품, 소스류, 통조림 등이.
④ 이곳에는 청소기의 예비 충전기 등이.

① 티슈상자
② 청소도구 추가

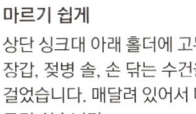

바로 손이 닿는 위치에
크고 작은 도마, 집게, 필러 등의 조리 기구를 자석 후크에 매달았습니다. 일하면서 손을 뻗으면 바로 잡을 수 있는 위치입니다.

마르기 쉽게
상단 싱크대 아래 홀더에 고무장갑, 젖병 솔, 손 닦는 수건을 걸었습니다. 매달려 있어서 마르기 쉽습니다.

바나나도 매달고
바닥에 놔두면 검게 변하기 쉬운 바나나도 철제 선반에 건 S자형 후크에 매답니다. 바나나 스탠드가 없어도 OK!

키친타월 홀더도
뽑아 쓰는 키친타월을 투명케이스에 담아 **코맨드** 후크를 이용해 조리대 위 벽면에 매달았습니다. 커다란 롤 타입보다 한 손으로 꺼내 사용하기 쉽습니다.

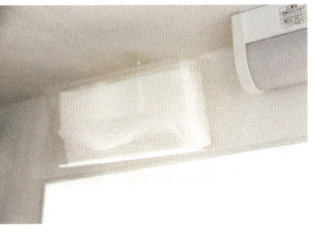

거는 수납의 마법

거는 수납은 수납장이 없어도 필요한 위치에 후크를 다는 것만으로 완성되는, 위치도 사용감도 편리한 방법입니다. 문을 열 필요도 없고 원하는 때에 손을 뻗기만 하면 물건을 잡을 수 있습니다.

바닥을 차지하지 않아 청소를 할 때에도 방해가 되지 않는 장점도. 매번 청소할 때마다 물건을 치워야만 한다면 더러워져도 방치하기 쉽습니다.

걸기! 번외편

현관에 벽걸이 행거를 설치!

이사 전에는 현관에 봉을 달아 입었던 겉옷을 걸었습니다. 밖에 나갈 때 입고, 집에 돌아오면 벗는 것이어서 현관이 딱 안성맞춤이었습니다. 집 안까지 가지고 들어오면 장소만 차지하는 겉옷. 이사해 보니 현관에 마땅한 장소가 없어서 벽장에 정리해둘 수밖에 없었는데 그렇다 보니 주변 아무 데나 벗어서 걸쳐두는 남편. 현관 벽에 **무인양품** 벽걸이 행거를 설치해 겉옷을 거니 마구 벗어서 방치하던 습관을 고칠 수 있었습니다.

프리랜서가 된 지 5년이 지났습니다. 임신을 알고 나자 머리를 스친 생각은 '내 일은 어떻게 하지?'라는 것. '아기가 태어나도 일을 계속하고 싶다'라는 막연한 생각은 있었지만 '어떤 식으로' 계속할 수 있을지, '얼마나' 일을 할 수 있을지, 구체적인 플랜은 없었던 것이죠. 어린이집에 관해서도 '필요할 때 생각하면 되지'라면서 형편에 따라 하면 된다는 자세로 알아볼 생각도 하지 않았습니다. 출산 예정일이 1월이어서 '봄이 오면 일을 다시 시작할 수 있겠지'라고 태평스럽게 여기고 있었지요.

예정대로 1월에 출산해 아기와의 생활이 시작되자 육아를 만만하게 생각했던 것을 통렬하게 반성하게 되었습니다. 밥을 천천히 먹거나 머리를 공들여 감는 일은 생각할 수도 없는 처지가 되고 보니 '일이라니, 그건 정말 무리야~!'라는 생각이 들어 출산 후 몇 개월 동안은 소극적으로 지내게 되었습니다. 가족이나 어린이집에 아이를 맡기는 것도 '엄마와 아기가 떨어져 있다니!'라는 불안감에 감히 생각할 수도 없는 지경에 이르렀죠.

육아와 씨름하며 하루하루를 보내다가 생후 8개월쯤 되었을 때 전보다 손이 덜 간다고 느끼게 되었습니다. 이 시기부터 아들을 돌보면서 일을 다시 시작했는데, 실제로 해보니 '할 수 있는 것과 할 수 없는 것'이 보이기 시작했지요. 예를 들면, 아이가 자는 동안에 메일을 주고받는 정도는 할 수 있지만 집중해서 해야 할 자료 작성 등은 어렵다는 것을 알았습니다. 그리고 밖에 나가서 해야 하는 일은 아이를 맡아줄 사람이 없으면 할 수가 없었습니다.

생후 10개월부터는 남편과 양쪽 부모님께 아이를 맡기고 일을 할 수 있게 되었습니다. 그런 때는 시간의 제한이 있으므로 집중력도 생겼고 효율도 높아졌으며 다른 사람에게 맡기는 감사함도 느꼈죠.

어린이집에 관해서 신중하게 검토해야 할 때인 1세를 맞이한 현재. 5년 전 프리랜서로서 한 걸음을 내딛게 된 후 시행착오를 거쳐 여기까지 오게 된 것처럼, 이번에는 일하는 엄마가 가야 할 길을 조금씩 다져두고 싶습니다.

8장

1세
축하합니다!
잡고 걷기

육아와 제품 선택
〈1세〉

한 살을 맞이해서 때마침
방 안에서 걸음마를 시작한 아이.
이유식도 마지막 단계에 접어들어
식사용품과 외출용품 등
새로운 물건이 필요하게 되었습니다.

한 살이 되자 보다 가볍게 외출을 즐길 수 있게 되었습니다. 아기띠에서 내려올 기회도 점차 늘어 추운 계절에 썼던 방한 커버만으로는 부족해졌습니다. 코트가 필요한 것입니다.

저는 지금까지의 실패를 교훈 삼아 물건을 고르기로 했습니다. 사이즈나 계절감과의 매칭 등, 처음이어서 실수했던 일이 종종 있었습니다. 이번에는 그것을 되풀이하지 않기 위해서 확실한 전문가가 상담해 줄 수 있는 유아복 전문점으로 향했습니다.

전문가는 역시 확실한 지식과 훌륭한 감각으로 아이의 옷을 무리 없이 골라주고 가려운 곳을 긁어주듯 조언을 해주었습니다. 덕분에 만족할 만한 코트를 고를 수 있었습니다. 아이옷은 금방 작아져서 못 입기 때문에 아주 비싼 것은 부담스럽습니다. 다만, 한 시즌에 상하의 한 벌씩 정도는 만족할 만한 옷을 사서 약간의 호사를 누려도 좋다고 생각합니다.

헌옷을 쌓아두지 않기

근 1년간 '물건을 쉽게 들이지 않는다'는 방침으로 지내왔습니다. 하지만 아이의 성장과 함께 물건은 계속 늘어났고, 다른 한편에선 사용할 시기가 지난 물건도 계속 생겨났습니다. 둘째를 가질 것인지도 불확실했고, 만일 낳는다고 해도 그 물건이 그때 맞을 것이라는 보장도 없었습니다. 지금 우선으로 생각해야 할 과제는 가족 3인의 쾌적한 생활. 필요 없는 물건은 다른 사람에게 물려주든가 프리마켓에 팔든가 해서 물량을 조절하고 있습니다.

1+in the family*의 코트. 심플해서 어떤 옷에도 맞춰 입히기 쉽고 안쪽에 털이 있어 따뜻합니다. 점원의 조언대로 내년 겨울에도 입힐 수 있게 조금 큰 2세 사이즈로 샀습니다. 소매를 접으면 크기도 맞고 귀여운 디자인입니다.

둘둘 말면
이렇게 작게!

이 시기에 구입해서
보충한 물건들

식사용 에이프런
흘린 밥을 잘 담고 세탁하기 쉬우며
튼튼한 것은 바로 이런 스타일이라고
이제까지의 경험에서 배웠습니다. 둥
글게 말면 크기도 작아져 외출할 때
필수품으로. (옥소트트(OXO Tot)*)

심플한 턱받이
MARKS&WEB*의 유기농 면 소재 걸
이형 수건. 똑딱단추가 달려 있어서
턱받이로 쓸 수 있습니다. 무늬가 없
는 흰 턱받이는 흔치 않은 귀한 물건
입니다. 턱받이는 흡수력이 좋은 타월
소재가 최고.

물수건 케이스
심플한 케이스를 원했지만 캐릭터가
그려진 것들뿐. 100엔숍에서 겨우
찾아낸 판다 얼굴이 작게 그려진 케
이스. 금세 그림이 지워져 버리긴 했
지만….

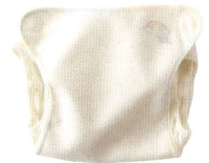

첫 신발
다른 손자 손녀들에게도 신발을 사
주셨던 시어머니가 '신발의 혀 부분
이 커서 크게 벌어지니까 신기기 편하
다'면서 선물로 사주셨습니다. 주머니
에 넣어 외출할 때 가지고 다닙니다.

울 소재의 기저귀 커버
기온에 따라 섬유의 공기구멍 크기가
변해서 여름엔 시원하고 겨울엔 따뜻
합니다. 면보다 통기성이 우수해 항상
울을 선호합니다.

푸드커터
콤비*의 '고기도 썰 수 있는 푸드커
터'. 특히 밖에서 먹을 때 무엇이든 잘
게 썰 수 있는 보물입니다. 아기의 식
사 도구는 대부분 색이 있어서 일부러
연두색으로 통일했습니다.

욕실용 장난감
공을 내던지거나 물총을 쏘거나 하며 여러 가
지 형태로 놀 수 있는 장난감. 흡착판으로 붙
였다 뗐다 하는 제품이어서 물기를 빼서 수납
할 수 있습니다. 지도는 보는 것만으로도 어
른과 즐겁게 공부를.

첫 식기
한 살 기념으로 오키나와에 여행 갔을 때 아
이에게 처음 사준 그릇. 먹는 양이 늘었는데
딱 알맞은 크기를 발견했습니다. 아이도 자
신의 것이라고 알아차렸는지 보면 "맘마!"라
고 합니다.

육아와 수납
〈1세〉

여긴 괜찮아!

'이건 만져도 된다'는 공간을
혼자서 걷기 시작해 시야가 넓어지자 집안의 모든 곳에 흥미를 느끼게 된 아이. 정리박스에 꽂아둔 잡지나 자료를 꺼내기 시작해서 파일박스에 옮겨 담아 아이가 손대지 못하고 하고, 그 아래에는 가지고 놀아도 되는 책을 두었습니다. 가장 아랫단에는 뒤엎지 못하게 쓰레기통을 넣어뒀지만, 이것도 꺼내기 시작해서 손이 닿지 않는 높이에 종이봉투를 걸까 생각 중입니다.

※ 옆에 있던 정수기는 식탁 의자를 2개 더 구입해서 놓는 바람에 주방으로 옮겼습니다.

세면대 잠금장치
세제를 보관하는 세면대 문에 잠금장치를. 나중에 뗄 때 어렵지 않도록 양면테이프를 사용하지 않고 코맨드의 리필테이프를 사용.

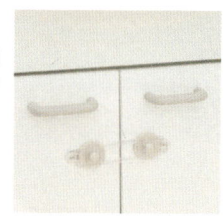

거실 수납장 안에 만든 간이 옷걸이에 외출 시에 사용하는 레그워머 등을 집게로 매달아 두었습니다.

주방 수납의 변화 〈1세〉

수납량을 늘리다
조립선반에 깊이가 절반 정도 되는 작은 선반을 추가했습니다. 계단식 수납은 수납량을 늘리면서도 꺼내기 쉬운 수납을 할 수 있습니다. 왜건을 치운 후에 놓을 곳이 없었던 커피콩 분쇄기나 식빵 등의 일시적 수납공간이 탄생했습니다.

바닥에 닿지 않게 수납

전에 살던 지은 지 40년이 넘은 건물과 비교하면 이사 온 아파트는 천장이 높은 신축건물입니다. 높은 곳의 물건을 꺼내는 용도로 접는 발판을 구입했습니다. 주방 선반과 냉장고 사이에 걸어서 보관합니다. 바닥에 닿지 않게 두면 그 아래를 편리하게 청소할 수 있습니다. 귀찮은 것을 싫어하는 제가 물건을 바닥에 두면 그 주변이 먼지투성이가 되고 맙니다.

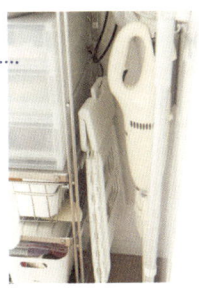

걸레는 철제 바구니의 손잡이에 겁니다.
(거실에서 보이지 않는 사각지대)

욕실도 걸어서 수납하기

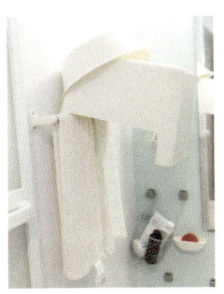

욕실 의자와 세숫대야는 나올 때 반드시 봉에 걸어둡니다.

젖은 소품은 물이 잘 빠지도록 바닥에 닿지 않게.

우리들의 육아!

Q20 육아 중 격려가 되었던 말이 있다면?

밤중에 2시간마다 수유를 할 때 친구로부터 들은 "나폴레옹을 키우고 있다고 생각해"라는 말. (E·K 씨)

감정의 노예가 되지 마(어디서 들었는지는 잊었지만, 아이와 함께 있을 때면 늘 마음에 되새긴다…고 하면서 결국 노예가 되고 맙니다). (F·K 씨)

지금이 가장 힘들다, 앞으로 점점 편해질 거야(퇴원해서 3일 되던 날 들은 말). 아이는 부모를 선택해서 태어났다(이 말을 되새기는 것만으로 감사한 마음이 됩니다). (M·S 씨)

변화해 가는 것이 자연… 어디서 본 것인지 제가 생각해낸 것인지 잘 모르겠지만, 임신 중의 불안정한 기분이었을 때부터 간직하고 있습니다. 줄어가는 나의 시간도, 조금은 이해하기 힘든 아기의 기분도 변화하는 것이 자연이라고 생각하면 편안한 마음이…. (C·T 씨)

괜찮아

뭔가 특별히 하나로 떠오르는 것이 아니라 주변 사람들이 해준 축복의 말과 격려의 말, 언젠가 길에서 만난 분이 "힘들겠지만 힘내요"라고 해준 말 하나하나가 마음속 자양분이 되었습니다. (K·Y 씨)

"초조해하지 마, 괜찮을 거야. 걱정하지 마, 괜찮을 거야. 아이를 잘 보면 괜찮을 거야. 아이는 아이다운 것이 최고야." (『아이들은 모두 문제아』/ 나카가와 리에코 지음). "생각한 대로 되지 않는 것이 아이들." (친구의 말) (다카나시 씨)

(발음상 해학)

코소다테와코소다테 (子育ては個育て)
: 자라는 아이들은 각자 달라서 무엇이 옳은지 그른지 판별할 수 없으니 조급해하지 말라는 뜻.

이쿠지와이쿠지(育児は育自)
: 육아를 하다 보면 나 역시도 성숙해진다는 뜻. (S·N 씨)

168

Q21 지금 가장 하고 싶은 것은?

- 하와이 여행. 출산 후에 혼자만의 상상으로 백 번도 넘게 다녀왔습니다. (F·K 씨)

- 발을 담그는 것이 두려울 정도로 뜨끈뜨끈한 온천에 가서 푹 담그는 것. (C·T 씨)

- 혼자서 쇼핑하기, 혼자서 외식하기, 혼자서 여행하기. 어쨌든 가볍게 이곳저곳에 가보고 싶습니다. (C·M 씨)

- 수납 재검토! (아이가 있으면 좀처럼 작업을 하기 힘듭니다.) (E·K 씨)

- 남쪽 섬에서 다이빙을!!! (S·N 씨)

- 아무것도 생각하지 않고 요가로 힘껏 몸을 움직이고 싶습니다. (다카나시 씨)

- 온천에 가서 푹 담그고 싶습니다. (그런 후에 화이트와인을 마실 수 있다면 최고). (M·S 씨)

- 아기와 아라카와 유원지에 가서 시간을 신경 쓰지 않고 욕조에 몸을 담그고, 조금 기대되는 고급 식당에 가서 밥을 먹고 싶습니다. (K·Y 씨)

- 라멘을 먹으러 가고 싶습니다. (A·K 씨)

- 시간을 신경 쓰지 않고 친구를 만나고 싶습니다. (고바야시 씨)

- 테니스를 치고 싶고, 일을 하고 싶고, 온천여행을 떠나고 싶습니다. (아사노 씨)

- 혼자 카페에 가서 독서를. (혼다 사오리)

아이가 있어도 포기하고 싶지 않은 것

출산 후 '나만의 시간'이 없어진 탓에 마음의 여유를 찾지 못하고,
'지금만, 어쩔 수 없지'라고 받아들이는 데에 많은 시간이 걸렸습니다.
아이가 한 살을 앞둔 현재, 생활에 리듬도 생기고 가족의 협조도 얻어서
포기했던 것들을 다시 할 수 있게 되었습니다.

◎ 책을 읽는다

아이가 잠들면 '이때다!'라면서 집안일을 하거나 메일을 보내거나 했습니다. 하지만 그러고 나면 피로가 마구 몰려왔습니다. 최근에는 '마음의 양식'이라는 생각으로 아들 옆에서 느긋하게 독서를 합니다. 엄마가 옆에 있다는 것으로 안심을 하는 아이는 평소보다 길게 푹 잠들었습니다. 가끔은 아이와 함께 낮잠을 자기도.

◎ 화초를 키운다

생후 6개월 정도까지는 필사적으로 하루를 살아서 집에도, 옷에도 '위안'이라는 개념이 없었습니다. 육아에 익숙해져서 주변 풍경이 보이게 되자 산책을 하다가 화초를 사 오는 마음의 여유가 생겼습니다. 방에 녹색이 있으면 마음이 안정되고 새로운 여유가 생기는 느낌입니다.

밖에 나갔다가 한눈에 반해서 구입한 것
며칠 전 쇼핑을 하다가 발견해서 감동한 MARKS&WEB*의 아로마우드. 오일이 담긴 작은 병을 안이 텅 빈 나무통으로 덮어서 향을 은은하게 하는 훌륭한 제품. 화장실에 두기로.

◎ 외출을 한다

어차피 아이가 떼를 쓸 테니까…라고 포기했던 '가게 순례'이지만 가족이 다 함께 외출하는 것에도 익숙해졌고, 떼를 쓰면 부부가 번갈아 달래는 요령도 능숙해져서 쇼핑이나 외식도 즐길 수 있게 되었습니다. 가족이 함께 나가서 차 한 잔 마시면 1시간 정도 걸리는데, 아이도 그 정도는 견뎌 주었습니다. 그러자 또 하나의 자유로움이 생겼다는 설렘이 찾아왔습니다.

임신했을 때 그림책을 아주 많이 물려받았습니다. 생후 2개월 때부터 읽어주기 시작했지만 아주 어린데도 분명한 반응을 보여서 깜짝 놀랐습니다!

그림책은 부모와 즐거운 의사소통을 하게 해주고 좁은 세계에 있는 아기의 견문을 넓혀주는 근사한 교재라고 생각합니다.

다루마상(달마 씨) 시리즈
아주 어렸을 때부터 읽어주면 깔깔 웃었습니다. 그 모습을 보며 부모는 감동을. (가가쿠이 히로시 작/브론즈 신샤)

가탄고톤 가탄고톤
(기차 달리는 소리 덜컹덜컹)
어른이 보면 단순하지만 어떻게 이렇게… 라고 생각할 정도로 집중합니다. (안자이 미즈마루 작/후쿠인칸쇼텐)

자아자아(물소리 촬촬)
비리비리(종이 찢는 소리 찍찍)
크기도 아기에게 알맞고 처음으로 스스로 넘겨서 바라보던 책. (마쓰이 노리코 글 그림/가이세이샤)

사과가 때굴때굴 때구루루루
계속 읽고 또 읽고, 드디어 모두 외워버렸습니다. (미우라 타로 작/고단샤)

싹싹싹(닦는 소리)
먹는 것을 좋아하는 아들에게 안성맞춤. (하야시 아키코 작/후쿠인칸쇼텐)

후와후와(토실토실) 토끼짱
토끼의 인형(puppet)이 붙어있어 각 페이지에 맞춰 움직일 수 있습니다. 기뻐하며 바라보거나 만지기도. (Emma Goldhawk 작, Jonathan Lambert 그림/대일본회화)

도시락 버스
먹는 것과 타는 것, 아들이 좋아하는 것들이 계속 등장합니다. (신주 마리코 글 그림/히사카타 차일드)

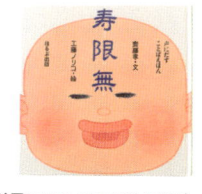

수안무(이름이 긴 아이의 이야기)
고전 만담은 아직 이를까? 라고 생각했는데 아주 좋아했습니다. 언어의 리듬에 즐거움이 새록새록. (사이토 타카시 작, 구도 노리코 그림/호루부 출판)

부웅부웅 자동차
동네에서 자주 만날 수 있는 차를 그려서 산책의 즐거움이 배로 늘었습니다. (야마모토 타다요시 작/후쿠인칸쇼텐)

아이 사진 정리

카메라도 있지만 사진은 거의 아이폰(iPhone)으로 찍습니다. 잘못해서 용량이 적은 16GB를 샀는데, 그 덕분에 오히려 꼼꼼히 데이터를 정리하는 습관이 생겨 결과적으로는 성공인 셈이었습니다. 데이터도 물건과 같아서 용량이 커지면 부담이 늘어나는 법.

사진은 2개월마다 컴퓨터에 데이터를 옮기며 정리합니다. 컴퓨터에 '0~2개월' 등의 시기별 폴더를 만들어 수납합니다. 어디까지 정리했는지 잊지 않도록 '○월 ○일까지 보관 마침'이라고 메모장에 남겨둡니다. 동영상은 동영상용 폴더에 넣고 '0개월-목욕'처럼 제목을 달아두면 다시 찾아보기 쉽습니다.

인쇄 출력은 가끔 육아노트에 붙이는 것 외에는 하지 않습니다. 나중에 앨범에 넣고자 할 때 한 권 분량만 출력해서 아이의 성장을 돌아볼 수 있을 정도면…, 하고 막연하게 생각 중입니다. 편안하게 컴퓨터로 보면 된다는 생각도 듭니다.

예전에 저는 제 어린 시절의 방대한 양의 사진을
어떻게 보관할까 고민했었습니다.
그래서 제 아이의 사진은 관리하기 쉬운 양만 남기고
그때그때 즐기면 좋은 것이 아닐까 생각합니다.

종이를
구깃구깃 하기
10초 전!

스토리가 있는 순간의 사진

'한 살까지 매달 크는 모습을 사진으로 남기고 싶다'는 생각
에 1개월~1세까지 12장의 촬영용 날짜를 출력했습니다.
용지를 먼저 만들어두고 '지금이다!' 싶은 순간에 촬영을 해
서 1세까지 계속해올 수 있었습니다. 인생에서 눈에 띄는 변
화를 보이는 아기의 1년간을 잘 포착할 수 있었던 정점관측
법(定点観測). 매번 같은 봉제 인형과 함께 찍으면서 얼마나
컸는지 비교할 수 있었습니다. 이 12장은 친정에서 마련한
돌잔치 때 공개한 것. "이렇게 작았었다니" "이때 앉기 시작
했구나"라며 모두가 즐거워했습니다.

달력 서비스 애플리케이션

매월 1장의 사진을 고르면 달력을 만들어 우편
발송해주는 '레터'라는 앱이 있습니다. 달력은
두 달분씩 주방의 카운터 위에 붙여두고 시간이
지나면 사진만 오려서 '육아노트'에 붙였습니다.
한 장에 몇 백 엔으로 간편하게. 부모님들에게도
동시에 발송되게 설정해두어서 효도도 할 수 있
는 매달의 즐거움입니다. (lttr.jp)

10월 12일 (생후 9개월 0일)
해외에 사는 친구가 귀국해서 바이올린을 가지고 아이를 만나러 와주었다. 0세에 연주를 직접 들을 수 있었던 아이는 얼마나 행복한 경험인지. 음악은 '음音을 즐기다樂'라는 한자로, 즐거운 음을 접하는 것으로 시작해보라는 조언을 받았다.

10월 31일 (생후 9개월 19일)
장난감 브랜드 **보네룬드**(bornelund)*에 아이들이 놀 수 있는 공간이 있어서 기어 다니는 아이를 데리고 갔다. 처음 가는 곳에 내려놓자 슬쩍 경계하다가 조금씩 행동 범위를 넓혀갔다. 자신보다 큰 형, 누나에 관심을 보였다.

11월 23일 (생후 10개월 11일)
잡화점에서 물건을 사는데 떼를 쓰기 시작하는 아이에게 상품을 주자 좋아했다. 계산하려고 물건을 손에서 빼앗자 아이가 떼를 써서 당황했는데 점원이 그대로 확인 스티커를 붙여주었다. 친절함에 마음이 따뜻해졌는데 돌아오는 길에 그때까지 손에 꼭 쥐고 있던 물건을 확 하고 던져 버렸다.

10월 15일 (생후 9개월 3일)
'날씨가 좋으면 소풍 가고 싶지만, 안 되면 아이쇼핑이라도!'라는 나의 욕구를 채워줄 멋진 장소, 도쿄의 미드타운에. 사가지고 간 도시락과 준비해간 이유식으로 파란 하늘 아래에서 점심을. 최고의 휴식이었다. 아이는 처음 앉은 잔디밭에서 어색하다가 시간이 지나자 익숙해져서 풀의 촉감을 느끼는 눈치였다.

11월 10일 (생후 9개월 29일)
기차를 타고 시부모님을 만나러. 몹시 추운 날이어서 두툼한 바디슈트(조카에게 선물했던 것을 다시 물려받은 것)를 입혔다. 도라에몽같이 귀여웠다. 남자아이는 타는 것을 좋아한다고 하던데, 아들도 역시 그런 듯했다. 최신식 기차를 정신없이 바라보았다.

11월 24일 (생후 10개월 12일)
프로젝션 맵핑연출이 있는 돌고래 쇼를 보고 싶어서 시나가와의 아쿠아 파크. 밤에만 한다는 것을 알고 실망했지만 신나는 크리스마스 연출에 크게 만족했다. 아이는 큰 음악 소리를 듣고 놀라서 울었다. 동물원에 이어서 수족관도 조금 더 크면 도전해야 할 과제로 남았다.

10월 22일 (생후 9개월 10일)
아이가 태어나기 전에 좋아해서 자주 갔던 식당에. 어른들을 위한 식당이었지만 아기 의자도 있어서 반가웠다. 1일 3회의 이유식이 시작되어 외출 준비가 더욱 힘들어졌지만 죽통에 우동이나 죽 등을 넣어 가면 점심에도 따뜻한 채로 먹일 수 있어서 편하다.

11월 18일 (생후 10개월 6일)
10개월이 되자 세상의 여러 존재에 흥미를 느끼기 시작한 아이를 데리고 우에노 공원에 갔다. 멀리 있는 판다나 코끼리, 기린 등 커다란 동물을 인식하는 것은 어려운 것 같고 가까이에 있는 닭이나 곤충류에는 관심을 보였다.

11월 27일 (생후 10개월 15일)
같은 월령의 아기가 있는 친구 가족과 우리 집에서 스키야키를 해 먹었다. 모처럼의 모임이어서 좋은 등급의 고기를 샀다. 어떤 사람은 아이를 보고 어떤 사람은 음식을 먹고…. 외식은 왠지 신경 쓰이는 지금, '맘 편한 홈파티가 최고!' '다음은 타코야키 모임을 하자'는 결의를.

한 줄 일 기

(생 후 9 ~ 12 개 월)

174

12월 1일 (생후 10개월 19일)

아침은 바쁜 시간. 나의 식사를 매번 뒤로 미루는 상황을 벗어나고자 식빵에 마요네즈를 발라 저녁에 남긴 반찬과 녹는 치즈를 얹어 전날 밤에 준비해 두었다. 아침에 토스트기에 넣기만 하면 된다. 인스턴트커피를 곁들이면 간단하지만 만족도 높은 아침식사가 된다.

12월 9일 (생후 10개월 27일)

본격적인 추위가 시작되자 아이의 코트를 사기 위해 아이들의 성지인 다이칸야마에. 아기와 함께 들어갈 수 있는 레스토랑 'IVY PLACE'에서는 유아용 식기도 나오고 테라스 석은 편안하게 쉴 수 있어 최고였다. 멜라민 식기가 심플하면서 예뻐 점원에게 불쑥 어디 것인지 물었다. 영업용 그릇이라고.

12월 12일 (생후 11개월 0일)

아이가 11개월에. 요즘은 가만히 있으려 들지 않아서 매달 행사인 사진을 찍기가 어려워졌다. '생후 ○개월'의 종이를 근처에 두거나 쥐게 하면 화를 내서 벽에 붙여 보았다. 그러자 이번에는 이쪽을 쳐다봐 주지 않는다….

12월 20일 (생후 11개월 8일)

집중해서 일하기 위해 아이를 시부모님에게 맡기고 오랜만에 혼자서 스타벅스에 갔다. 일도 잘 되었고 잠깐이나마 육아로부터 해방감을 맛보니 감사한 마음이 마음을 편안하게 해 주는구나… 하고 생각하는데 아이가 "맘마!" 하고 재촉하더니 엄청나게 큰 응가를…. 어디를 가도 육아는 평소 그대로였다.

12월 30일 (생후 11개월 18일)

이유식을 만드는 데 도움이 되었던 **카야노야*** 다시를 사러 도쿄 미드타운에. 재미난 가게가 많고 아이에게도 친절한 서비스를 제공해서 최근에 좋아하게 된 곳이다. 통로의 한구석에 이런 소파가 있어서 아빠와 놀게 하고 나는 천천히 물건을 보러 다녔다.

1월 10일 (생후 11개월 28일)

아이의 첫돌 기념으로 내일부터 3박 4일간 오키나와에 여행을 가기로. 2박 이상의 여행은 처음이다. 이유식 준비로 짐 꾸리기가 힘들었다. 2~3박용 캐리어에 세 사람분의 짐은 무리여서 배낭에 나눠 넣고 나자 준비 끝. 기저귀는 100엔 숍의 압축팩에 넣어 짐을 작게 줄였다.

1월 11일 (생후 11개월 29일)

오키나와에 무사히 도착. 주방과 세탁기가 딸려 있고 주위에 소리가 들릴 염려 없는 별장 타입의 숙소를 예약해두었다. 공교롭게도 흐린 날씨였지만 파란 바다가 마음을 편안하게 해 주는구나… 하고 생각하는데 아이가 "맘마!" 하고 재촉하더니 엄청나게 큰 응가를…. 어디를 가도 육아는 평소 그대로였다.

1월 12일 (생후 1년 0일)

아이가 드디어 한 살이 되었다! 숙소의 주인 부부가 축하선물을 준비해주었다. 요즘 딸기 맛에 흠뻑 빠진 아이는 사진 촬영에 열중하는 바람에 딸기를 못 먹게 하자 결국 울어버렸다. 사진 속의 아이는 전부 다 뿌루퉁한 표정이다. 태어나서 1년 동안이 빛의 속도로 지나간 느낌. 아이도 부모도 무사히 오늘을 맞이한 것이 무엇보다 기쁜 일이다. 첫돌을 축하해!

1월 14일 (생후 1년 2일)

마지막 날은 공항 근처의 세나가지마 호텔에 머물렀다. 비행기의 이착륙이 보이는 방을 아이보다 남편이 더 좋아했다. 대자연을 함께 거닐고 술집에서 밥을 먹는 등, 비일상적인 이벤트도 즐거웠다. '아이가 있으면 할 수 없는 것'을 약하게나마 부숴버릴 수 있는 여행이었다. 앞으로도 아이와 많은 추억을 만들어가고 싶다.

한줄일기 (생후 9~12개월)

175

시간	생활 부모	생활 아이	기저귀
am 1			
2			
3			
4			
5	엄마 기상 (※ 1)		
6	몸단장 (※ 2), 옷 갈아입기, 보리차 끓이기, 식기 정리, 메일 답장 보내기 등		
7	아침식사 준비	기상 / 옷 갈아입기, 스킨케어	●
8	아침식사 / 이불 개기, 설거지, 청소	혼자서 놀기	
9	함께 놀다가 그대로 재우기 (※ 3)		●
10	여러 가지 집안일, 컴퓨터 작업 등	낮잠	●
11	산책 (주변의 채소가게나 과일가게 등)		●
12	점심식사 준비	점심식사	●
pm 1	점심식사	혼자서 놀기	
2	함께 놀다가 그대로 재우기		●
3	휴식 (독서나 인터넷)	낮잠	
4	산책 (도보로 15분 거리의 역까지. 장을 보거나 좋아하는 커피 가게에)		●
5	저녁식사 준비	혼자서 놀기 / 저녁식사	●
6	저녁식사		
7	목욕 / 집안일 (빨래)		
8	아기 재우기	취침 (※ 4)	●
9	자유시간 (※ 5)		
10			
11	취침		
12			

※ 1 밤이면 일과 집안일을 병행하기 힘들어서 아침형 생활로 바꿔보는 중. 아이폰의 '취침시간'이라는 기능을 사용해 최소한 6시간은 수면을 취하도록 하고 취침과 기상 시간을 조절하고 있습니다.

※ 2 아침에 일어나면 우선 나부터 몸단장을 마쳐야 상쾌한 기분으로 집안일과 일을 해나가고 외출도 가벼운 발걸음으로 할 수 있으므로 요즘에 애써서 습관화하고 있습니다.

※ 3 피곤할 때는 나도 함께 낮잠을 (엄마가 옆에서 자면 아이도 낮잠을 길게 잡니다).

※ 4 기어 다니거나 걸음마로 운동량이 늘어나자 아침까지 잘 자게 되었지만 도중에 잠투정을 하기도.

※ 5 아기 목욕 담당이 아닌 날은 이 시간에 입욕. 집안일(이유식과 밑반찬 만들기), 일(컴퓨터 업무), 휴식(TV 시청, 독서, 인터넷)도 하지만 아침에 일찍 일어나기 위해 되도록 적당한 시간에 잠들도록 합니다.

마치며

지금 저는 밤늦은 시간에 스타벅스에서 이 글을 쓰고 있습니다. 남편에게 아들을 재워달라고 한 뒤 잠옷을 입은 아이가 눈치채지 않도록 몰래 집을 나섰습니다. 자전거 페달을 밟으면서 늘 붙어있던 아들과 떨어져 독신이었던 나로 되돌아가는 왠지 모를 기쁨을 느꼈습니다. 그리고 지금 하루하루 열심히 살았던 저에게 '수고했어!'라는 격려를 보냅니다.

아기와 함께하는 생활은 기쁘고 즐거운 순간으로 가득하지만 단조롭게 빙빙 맴도는 일상에 녹초가 되곤 합니다. 짬이 나는 시간에 살림에 몰두하던 손을 잠시 멈추고, 좋아하는 음료수를 들고 이 책을 넘기며 혼자만의 시간을 즐겨주신다면 더없이 기쁠 것입니다.

참고 사이트

08mab	http://natulan.jp/kikaku/l62_08mab2
1+in the family	http://www.babyzimmer.kr/product/list.html?cate_no=106
3Coins	http://www.3coins.jp
6WAY 체육관 변신 메리	http://www.takaratomy.co.jp/products/babyonline/lineup/merry05.html
Angeliebe	https://www.angeliebe.co.jp
ao	http://shop.ao-daikanyama.com
ARTS&SCIENCE	http://arts-science.com
Barefoot dreams	http://www.barefootdreams.jp
BAW	http://baws.jp/SHOP/g11315/list.html
BELLE MAISON	http://www.bellemaison.jp
BRANSHES	http://www.branshes.com
CHICU+CHICU5/31	http://chicuchicu.com
COMECHATTO & CLOSET	http://www.comechatto.com
CUSE BERRY	http://www.cuseberry.com
D BY DADWAY	http://www.d-bydadway.com
evam eva	https://www.evameva.com
Familiar	https://www.ec.familiar.co.jp
fog linen work	http://www.foglinenwork.com/jp
F/style	http://www.fstyle-web.net
GU	https://www.gu-japan.com
kids case	https://www.kidscase.com
la kagu	http://www.lakagu.com
LEPSIM	http://www.lepsim.jp
MARKS&WEB	https://store.marksandweb.com
MO-HOUSE	http://mo-house.net
muatsu	http://muatsu.net
Mum2Mum	https://www.mum2mum.com
naniiro	http://online.naniiro.jp
napnap	http://www.napnap.co.jp
NYR	https://www.nealsyard.co.jp/onlineshopping/item/detail.php?i_id=428
POLBAN	https://item.rakuten.co.jp/luckybabygoods/p7220
PRISTINE	http://www.pristine.jp
PUENTE	http://www.kurasukoto.com/store/products/puente
SHIPS KIDS	http://onlineshop.shipsltd.co.jp
smartwool	http://www.smartwool.com
SOULEIADO	https://www.rakuten.ne.jp/gold/souleiado-shop
SWAP MEET MARKET	http://www.fith.co.jp/brand/swapmeetmarket
기조안(亀城庵)	http://www.kijoan.com
나오미 이토(NAOMI ITO)	http://www.ficelle.co.jp/products/list.php?category_id=18
니시마츠야(西松屋)	https://wowma.jp/nishimatsuya
니신모코(日進木工)	https://www.nissin-mokkou.co.jp
다키가와 카즈미	https://www.kazumitakigawa.com
데니무호(天衣無縫)	http://shop.tenimuhou.jp
도코짱베루토의 아오바	https://tocochan.jp/contents/goods/jyunyu.php?PRID=GZ001
러쉬(LUSH)	http://www.lush.co.kr
로미유니 컨피쳐(Romi-Unie Confiture)	http://www.romi-unie-webshop.jp
리첼(Richell)	http://baby.richell.co.jp http://richell.co.kr
마마버터(MAMA BUTTER)	http://www.mamabutter.kr
맥클라렌(MACLAREN)	http://www.maclaren.co.kr
메델라(Medela)	http://www.medela.co.kr
몽벨(montbell)	http://www.montbell.co.kr
몽벨(montbell) 아기용 베스트	https://webshop.montbell.jp/goods/disp.php?product_id=1106435
미나 페르호넨(mina perhonen)	http://www.mina-perhonen.jp/metsa

미쓰코시이세탄X아카스구	http://uchiiwai.akasugu.net
바믹스(bamix)	http://bamix.kr
바바슬링(Baba Slings)	http://www.babaslings.com
베네세(Benesse)	http://shop.benesse.ne.jp
베베(BeBe)	http://www.bebe.co.jp
베이비뵨(babybjorn)	http://www.babybjorn.kr
베이비젠 요요(BABYZEN yoyo)	https://www.babyzen.co.kr
벨레다(WELEDA)	http://www.weledakorea.co.kr
보네룬드(bornelund)	https://www.bornelund.co.jp
보바랩(Boba Wrap)	https://boba.com
쁘띠바또(PETIT BATEAU)	http://www.petit-bateau.kr
사토우미테이(里海邸)	http://www.satoumitei.jp
생활클럽(生活クラブ)	http://www.seikatsuclub.coop
세카쓰켄(正活絹)	http://www.naturalwear.jp/SHOP/g12068/list.html
센넨코우지야(sennen-koujiya)	http://shop.sennen-koujiya.jp
스노우피크(snow peak)	http://www.snowpeak.co.kr
스위마바(Swimava)	http://www.swimava.or.kr
스토케(STOKKE)	https://www.stokke.com/KOR/ko-kr/home
시로쿠마도(しろくま堂)	https://www.babywearing.jp
아덴아나이스(aden+anais)	http://www.adenandanais.co.kr
아카스구(赤すぐ)	http://uchiiwai.akasugu.net
아카짱혼포	http://akachan.omni7.jp
아코아코(akoako)	http://www.akoakostudio.com
아프리카(Aprica)	http://aprica.cafe24.com/index.html
앙리 샤르팡티에(Henri Charpentier)	https://www.suzette-shop.jp/shop/c/cHENRI
야마자키실업 주식회사	http://www.yamajitsu.co.jp/lab/item
야쿠르트 바디파우더(生活香彩)	http://www.yakult-beautiens.com/category/item_detail/05016?ctgid=40
에르고베이비(ergobaby)	https://store.ergobaby.com
에르베 샤플리에(Herve Chapelier)	https://www.hervechapelier.com
에어버기(airbuggy)	http://www.airbuggy.co.kr
오가닉 마돈나(Organic madonna)	http://www.madonna.co.jp
오므론(OMRON)	https://www.omron-healthcare.co.kr
오볼(Oball) Kids II	https://www.kidsii.com/brands/oball
옥소토트(OXO Tot)	http://www.oxotot.co.kr
온부모코(おんぶもっこ)	http://onbumocco.net
우타마로	http://www.e-utamaro.com
이누지루시(犬印本舗)	http://www.inujirushi-shop.jp
이세탄(伊勢丹)	http://isetan.mistore.jp
일본육아(日本育児)	http://www.nihonikuji.co.jp
잉글레시나(Inglesina)	http://www.inglesina.co.kr
카리타(CARITA)	http://www.carita.com
카야노야(芽乃舍)	https://www.k-shop.co.jp
카터스(Carter's)	http://www.carters.com
카토지(KATOJI)	http://www.katoji-onlineshop.com
캐스 키드슨(Cath Kidston)	http://www.cathkidstonkorea.co.kr
콜맨(Coleman)	http://shop.coleman.co.kr
콤비(combi)	http://www.combishop.kr
퀴니(Quinny)	http://quinny-korea.com
토라야(TORAYA)	https://www.toraya-group.co.jp/toraya-cafe
텐부(十布)	http://tenp10.com
파시마(pasima)	http://pasima.shop-pro.jp
퓨어렌(PureLan) 크림	https://www.medela.com/breastfeeding/products/breast-care/purelan
피죤(pigeon)	https://products.pigeon.co.jp
피죤(pigeon) Runfee ef	https://pigeon-htravel.com/runfeeef
해러즈(Harrods)	https://www.harrods.com

아기와 함께 미니멀라이프

펴낸날 | 2017년 12월 19일
지은이 | 혼다 사오리
옮긴이 | 홍미화
펴낸곳 | 윌스타일
펴낸이 | 김화수
출판등록 | 제300-2011-71호
주소 | (03174) 서울시 종로구 사직로8길 34, 1203호
전화 | 02-725-9597
팩스 | 02-725-0312
이메일 | willcompanybook@naver.com
ISBN | 979-11-85676-44-9 13590

이 도서의 국립중앙도서관 출판예정도서목록(CIP)은 서지정보유통지원시스템 홈페이지
(http://seoji.nl.go.kr)와 국가자료공동목록시스템(http://www.nl.go.kr/kolisnet)에
서 이용하실 수 있습니다.(CIP제어번호: CIP2017031054)